大雪山国立公園銀泉台

森林限界がくっきり現る.

口絵 A–1　硬葉樹林のコルクガシ（チュニジア）（本文 p.8）
高さ 2m ほどから下の樹皮はコルク採取のためはがされている.

口絵 A–2　亜高山帯針葉樹林（モロッコのアトラスシーダー林）（本文 p.10）

口絵 B–1　混交フタバガキ科の開花の様子
（2001 年マレーシア・ランビル公園にて）（本文 p.14）

（a）1983 年溶岩　**（b）1962 年溶岩**　**（c）1874 年溶岩**

口絵 C–1　三宅島の 1983 年溶岩，1962 年溶岩，1874 年溶岩上の植生（本文 p.24）

（a）16 年経過した 1983 年溶岩上の中央の樹木はオオバヤシャブシである．（b）37 年経過した 1962 年溶岩上では，裸地の部分は減少し，オオバヤシャブシの低木林になっている．（c）125 年経過した 1874 年溶岩上では，タブノキ・オオシマザクラが優占する高木林となっている．（1999 年撮影）

口絵 C–2　ハワイフトモモの巨樹．手前にあるのは木性シダ（本文 p.32）
ハワイ島の約 3000 年経過した溶岩上に成立した森林内で撮影．

口絵 C-3　カウアイ島のハワイフトモモの低木林（本文 p.32）

口絵 E–1　秋田県阿仁スギ天然林（本文 p.63）

口絵 E–2　屋久島花ノ江河スギ天然林（本文 p.63）

口絵 D–1　十文字峠のポドゾル性土
（本文 p.49）

口絵 D–2　白神山地ブナ林下の褐色森林土（本文 p.51）

口絵 D–3　スダジイ林下の黄褐色森林土（本文 p.52）

口絵 D–4　沖縄本島北部の赤黄色土
（本文 p.53）

口絵 D–5　小貝川河川敷の河畔林下の灰色低地土（本文 p.55）

口絵 D–6　奥秩父ブナ林下の火山灰を母材とした褐色森林土（本文 p.56）

口絵 D–7　三宅島スコリア丘上のタブノキ林下の褐色森林土（本文 p.58）

口絵 E–3　屋久島の江戸時代のスギの伐根（本文 p.66）

図 F–1　樹木の病気のさまざまな病徴（本文 p.70）

(a) カネメモチごま色斑点病，(b) トウカエデうどんこ病，
(c) マツこぶ病，(d) サクラ天狗巣病，(e) トドマツ溝腐病

図 F–2　カラマツの根株心腐病（本文 p.79）

図 F–3　ベッコウタケの子実体（本文 p.79）

口絵 G–1　國安孝昌
「Stream Nest」（本文 p.87）

口絵 G–2　國安孝昌
「雨引く水神の環」（本文 p.87）

口絵 G–3　Wolfgang Laib
「タンポポの花粉」（本文 p.88）

口絵 G–4　Andy Goldsworthy
「甘栗の葉」（本文 p.91）

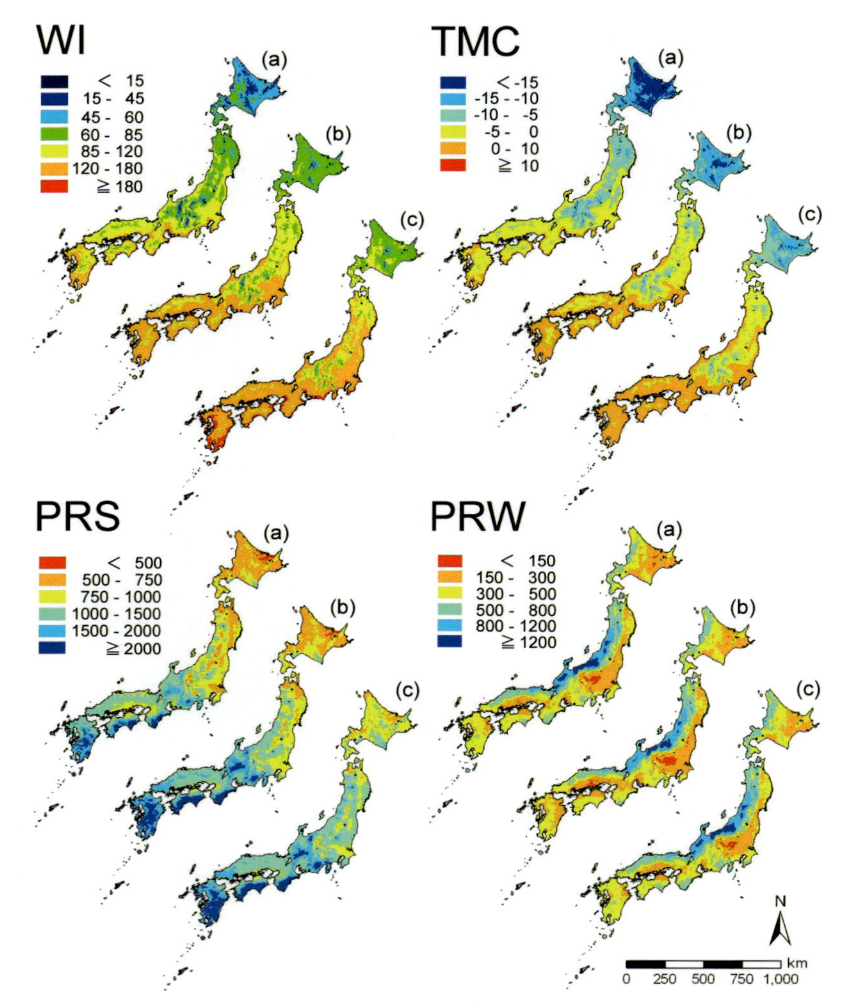

口絵 H–1　現在と将来の 4 つの気候変数の分布図（田中ほか，2009）（本文 p.100）

（a）現在の気候（気象庁，1996），2081 ～ 2100 年の 2 つの気候変化シナリオ，（b）RCM20，（c）MIROC.

WI：暖かさの指数（℃・月），TMC：最寒月の日最低気温の月平均（℃），PRS：夏期降水量（mm），PRW：冬期降水量（mm）.

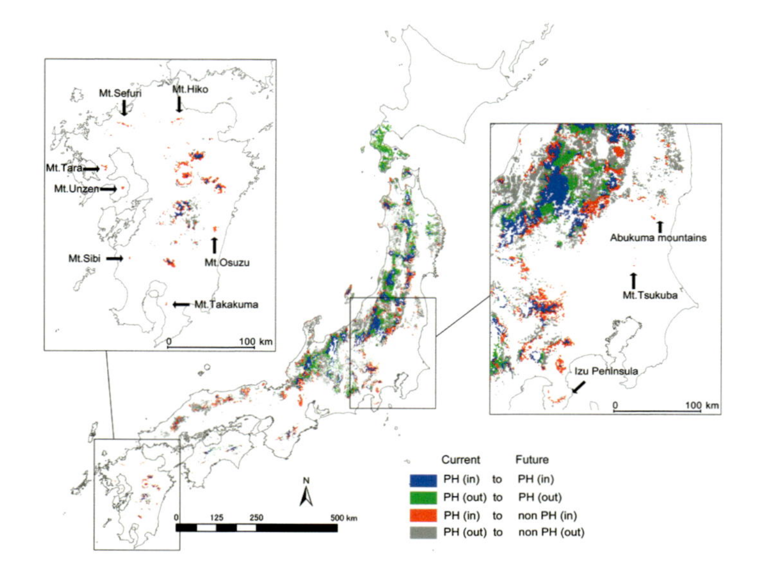

口絵 H–2　現在と将来におけるブナの潜在生育域（PH）と潜在非生育域（non PH），および自然保護区内（in）と保護区外（out）による区分（本文 p.107）

青色の地域は保護区域内における現在も将来もブナの潜在生育域と判定されたブナ分布域．赤色の地域は保護区域内であるが将来は脆弱と判定されたブナの分布域．緑色の地域は現在は保護区外であるが将来にわたってブナの潜在生育域であるためにブナの新たな保護区としての候補地となりうるブナの分布域．灰色は，現在は保護区外の潜在生育域だが将来は潜在非生育域となる地域．（Nakao et al., 2013 より改変）

口絵 I–1　群馬県の尾瀬岩鞍スキー場（2007 年 2 月）（本文 p.109）

口絵 I–2　長野県の志賀高原西館山スキー場（2007 年 5 月）（本文 p.110）

口絵 J–1　ドイツトウヒ（本文 第 11 章）

森林学への招待

増補改訂版

中村　徹　編著

筑波大学出版会

Introduction to Forest
Revised and Enlarged Edition

edited by Toru NAKAMURA

University of Tsukuba Press, Tsukuba, Japan

First Edition

ISBN978–4–904074–15–2 C3040

Revised and Enlarged Edition

ISBN978–4–904074–36–7 C3040

ま　え　が　き

わが国は，国土の 68.2％が森林に覆われています．これは先進国中，フィンランドに次いで 2 番目の高率です．私たちの身の回りには，ごく当たり前のように森林があり，私たちの生活は木に囲まれています．日本は森林国なのです．

身近に森林がふんだんにあることが当然のように思われがちですが，外国に行くと，日本が特に森林に恵まれた国であることを強く意識します．この 20 年間，私は中央アジア，西アジア，そして北アフリカと，いろいろな国で調査してきました．帰りの飛行機が日本上空にさしかかると，列島を覆い尽くした豊かな緑が目にしみ，そのたびに感激します．その経験から，改めて日本が森林に恵まれた国であることを実感しました．しかしそのわりに，日本人は森林のことや樹木のことを知りません．あなたの県では県土面積の何パーセントを森林が占めているか知っていますか？　木の名前をいくつ知っていますか？

森林学は，森林を対象とした幅広い学問分野です．社会学や経済学から生物学や工学まで，多様な領域を含んでいます．昔の「林学」が林業のため，木材生産のための学問であったのに対し，森林学はもっと幅広く，森林がらみだったら何でもありの科学です．環境保全も，山村の民俗も，芸術も，文学までもが範疇に入ります．1970 年以降，国民の森林に対する要求が，木材生産から環境保全に変化したことが，林学から森林学へ変わった大きな要因でしょう．学会も日本林学会から日本森林学会へと名称変更しました．

近年の社会風潮の中に，特に何でも「エコ」をつけて環境問題に配慮するような傾向があり，また，住みにくいストレスの大きい現代社会もあって，森林はこの世の救世主のような扱いを受けています．森林が炭素を固定し地球温暖化防止に大きく貢献していること，あるいは森林浴が現代人のストレスを大いに癒してくれることなど，森林の効用が多くの人の知るところとなりました．一方で，山林労働者が急速に高齢化し，減少の一途をたどっていることなど，問題も多く抱えています．

本書は筑波大学で開講している総合科目「森林」の講義録をもとに新たに書き起こした一般教養の教科書であると同時に，広く一般に向けた教養書をも目指しています．この授業の担当者，すなわち本書の執筆者は多様な分野の 10 名です．林学の専門家は 3 名，土壌学や地球科学など周辺分野の専門家が 5 名，ほかの 2 名は国際政治学者と芸術家です．それぞれが森林に興味をもち，森林を愛しています．このユニークな執筆陣は，本書が類書とは異なる際だった特徴をもっているゆえんです．森林に関するこれまでの知識を確認しつつ，まったく新しい観点から森林を見直してください．

本書を読んだ森林国の住人が，身の回りの森林を見つめ直し，遙かなる森林に思いをはせていただけるなら，これに勝る喜びはありません．

2010 年春

調査で訪れた全国の森林を思い出しつつ
執筆者を代表して　中村　徹

増補改訂版刊行にあたって

本書の初版は2010年に刊行され，2014年で4年が経過した．この度，増補改訂版の刊行をおこなえるという望外の喜びに，まずは感謝の意を表したい．この4年間で，森林と本書を取り巻く情勢には大きな動きがあった．2011年に国連が国際森林年を定めた．「持続可能な森林管理・利用」を啓蒙する目的で，国内外で様々な取り組みがなされた．この「持続可能な森林管理・利用」を考え理解するにあたり，私達に必要とされるのは一つの視点だけではなく，多角的な視点を統合した知見であろう．生態系サービスなどのキーワードを理解する上でも，本書にあるような実に多様な視点をより多く提供できればと思う．

本書は筑波大学で開講している総合科目「森林」の講義録を基に構成している．永年にわたりこの講義を取りまとめてきた中村徹教授が2013年春をもって定年退職した．今回の増補改訂版を刊行するにあたり，森林における至近で重要な問題提起としての「森林と地球温暖化（第8章の一部）」の話題と，「森林利用の持続可能性（第11章）」の話題を新たに加えることになった．さらに私達が暮らしている日本を含む東アジアの森林の特徴をまとめた章（第2章）も加えることにした．これらによって，森林を取り巻く最近の話題への議論の場を新たに提供できればと願っている．

2011年の国際森林年の日本語のweb page（http://www.mori-zukuri.jp/iyf2011/）で，「最後に森に行ったのは，いつですか？」というメッセージを目にした．本書の増補改訂版を手にとって読んで頂き，そして実際に森を歩いてみて，知と実際の森へ入る至近の機会になれば，本書の執筆者達にとって大変な喜びである．

2014年夏

増補改訂版の執筆者を代表して　清野　達之

執筆者一覧（執筆順）

中村　　徹	筑波大学名誉教授
清野　達之	筑波大学生命環境系准教授
上條　隆志	筑波大学生命環境系教授
恩田　裕一	筑波大学生命環境系教授
田村　憲司	筑波大学生命環境系教授
津村　義彦	筑波大学生命環境系教授
山岡　裕一	筑波大学生命環境系教授
國安　孝昌	筑波大学芸術系教授
松井　哲哉	森林総合研究所主任研究員
田中　信行	森林総合研究所主任研究員
呉羽　正昭	筑波大学生命環境系教授
中村　逸郎	筑波大学人文社会系教授
立花　　敏	筑波大学生命環境系准教授

目　　次

第1章 世界の森林・日本の森林

1–1 もりとはやし

「森林」という言葉は明治時代にできた比較的新しい言葉だ．それまでは森とか林とか，あるいはヤマといわれていた．森は「盛り」に通じ，「こんもり」としたところ，「盛り上がって」いるところが語源だ．林は「生やす」に通じ，木を「生やした」ところが語源といわれている．森と林は厳密には区別されないが，イメージとしては森の方が山奥深くにあり，林は比較的人里近くにあるように思える．英語でも wood と forest とがあり，ドイツ語でも Wald と Forst，フランス語でも bois と forêt と 2 種類の言葉がある．いずれも人里近い林と山奥深くの森とを区別してよんでいる．林野庁は人工的につくった森林を林，自然のものを森としているが，自然林という言葉もあるように，必ずしも正確とはいえない．

1–2 森林の定義

では，森林とはいったい何だろう．わが国は森林国で，ごく当たり前に身近に森林があるので，改めて考えたことはないかもしれないが，世界を見渡すと，このような国はむしろまれである．お隣の中国でも，太平洋沿岸の東側と南部では森林がふんだんにあるが，北部や西部では沙漠や草原が広がり森林は少ない．日本は先進国では世界第 3 位（2010 年統計，林野庁 HP より）の森林率（国土面積のうち森林面積の占める割合）を誇っている．

わが国の森林法という法律によると，森林とは「木竹が集団して生育している土地及びその土地の上にある立木竹」（第 2 条），もしくは「木竹の集団的な生育に供される土地」（同条）と定義されている．このことから，林地と林木を合わせて森林となること，いまは森林が成立していなくとも，将来森林が成立する予定であれば，そこは森林と見なされることがわかる．これがわが国の森林の定義だ．

一方，世界的な森林の定義はあるのだろうか．国連のFAO（食糧農業機関）によると，その土地の10％を林冠が覆っていること，とある．高さ5m以上，広さ0.5ha以上としているものの，面積のわずか1割分が木に覆われていれば世界的には森林だ，という．公園の芝生にぽつりぽつりと木が生えているような状態でも，世界的な定義だと森林になってしまう．日本では，誰もそれを森林とは思わないだろう．それなのに，そのような「甘い」定義で森林をみても，森林は世界の陸地面積の1/3を覆うに過ぎない．残りの2/3は草原や沙漠や都市などになっている．

1–3 森林学への招待

このような森林について，総合的に取り扱い，研究するのが森林学という学問分野である．従来の林学が，林業生産・木材生産に関わる諸問題を中心的課題としていたことに対し，森林学はこれにとどまらず，広く森林に関連したあらゆる側面を研究対象としている．

地球温暖化問題が起き，森林にその解決が期待されている．わが国が熱帯諸国から多くの木材を輸入し，熱帯林破壊の元凶と指弾されたこともあった．わが国の林業労働者が高齢化し，中近東諸国から迎え入れている．北の漁師が，近海で魚が捕れなくなり，漁場周辺の山に森林を造成して，漁業を復活させたという話も伝わってきた．世界的な不況で仕事を失った人々が，新たに森林に関わる仕事に就くという話も耳に新しい．このような，森林に関わることすべては，森林学の守備範囲に入る．

森林学という語は，おそらく1978年のその名も『森林学』という書物で初めて使われた．その後ながらく，むしろ森林科学という言葉がよく使われたが，2005年に日本林学会が日本森林学会に学会名を変更したことで，再び使われるようになった．

1–4 森林の分類

いくつかの分類基準で森林を分類してみよう（**表1–1**）．

表 1-1　森林の分類

地　域	熱帯林，温帯林，亜寒帯林
タイプ	針葉樹林，落葉広葉樹林，常緑広葉樹林，針広混交林など
優占種	ブナ林，シラカシ林，スギ林，ヒノキ林，マツ林，シイ林など
樹　高	高木林，亜高木林，低木林など
密　度	過密林，密生林，疎林など
自然性	自然林，二次林，半自然林（天然生林），人工林など
目　的	用材林，農用林，薪炭林，環境保全林，保安林など
所　有	国有林，公有林，民有林，社寺林，財産区有林など
立　地	山岳林，平地林，河畔林，湿地林，都市林，海岸林など
樹　齢	過熟林，老齢林，若齢林，同齢林，異齢林など
その他	一斉林，純林，混交林など

図 1–1　アカマツ人工林（35 年前の茨城県筑波大学）

成立する地域により，熱帯林，温帯林，亜寒帯林と分類できる．優占樹種のタイプにより，針葉樹林，落葉広葉樹林，常緑広葉樹林，針広混交林などとなり，樹種によりブナ林，シラカシ林，スギ林，ヒノキ林などと分けられる．自然性でみると，自然林，二次林，半自然林（天然生林），人工林（**図 1–1**）と分類され，森林の目的別には用材林，農用林，薪炭林，環境保全林，保安林などに分けられる．さらに所有者で区分すると，国有林，公有林，民有林，社寺林，財産区有林などとなるし，立地で分けると，山岳林，平地林，河畔林，湿地林，都市林，海岸林などに区別される．このように，分類する目的によりさまざまに分類できるし，複数を組み合わせて，例えば温帯落葉広葉樹自然林などということもできる．

1–5 森林が分布するところ

世界的にみて地球上で森林が分布できるのは，気温と降水量に恵まれたところだ（**図 1–2**）．

温度的にみると，地球上には大きく分けて，赤道から極に向かって熱帯，温帯，寒帯という温度帯があり，それらの移行帯に亜熱帯，亜寒帯がある．このうち森林が成立できる温度帯は，熱帯から亜寒帯までだ．寒帯には森林は成立できない．

次に降水量でみると，ある程度の降水量がないと森林は成立できずに草原や沙漠になる．ある数字を挙げて，これ以上の降水量があると森林が成立する，とはいえない．気温などの条件により，森林の成立できる降水量は変わるからだ．一般に，気温が高いほど森林の成立に多くの降水量を必要とする．

赤道直下の，毎日のように雨が降るところから少しはずれると，雨期と乾期がだんだんとはっきりしてくる．乾期が長く，はっきりとするような形で年間降水量は減少する．さらに赤道から離れると，やがて中緯度高圧帯で，森林を成立させることができないほどに降水量は減少し，草原や沙漠に移行する．日本のように大陸の東側や，また高緯度地域では年間を通して降水が多く，森林が成立する．

1–6 世界の森林面積の現状

国連の GFRA（Global Forest Resources Assessment = 世界森林資源評価）2010 によると，世界の森林面積は 40.3 億 ha である．内訳をみると，熱帯林が 47%，亜熱帯林が 9%，温帯林は 11%，亜寒帯林は 33% となっている．また天然林が 95%，人工林は 5% であり，世界の森林のほとんどは天然林であることがわかる．

いま地球上から，森林が急激に減少している．GFRA2010 によると，2000 年

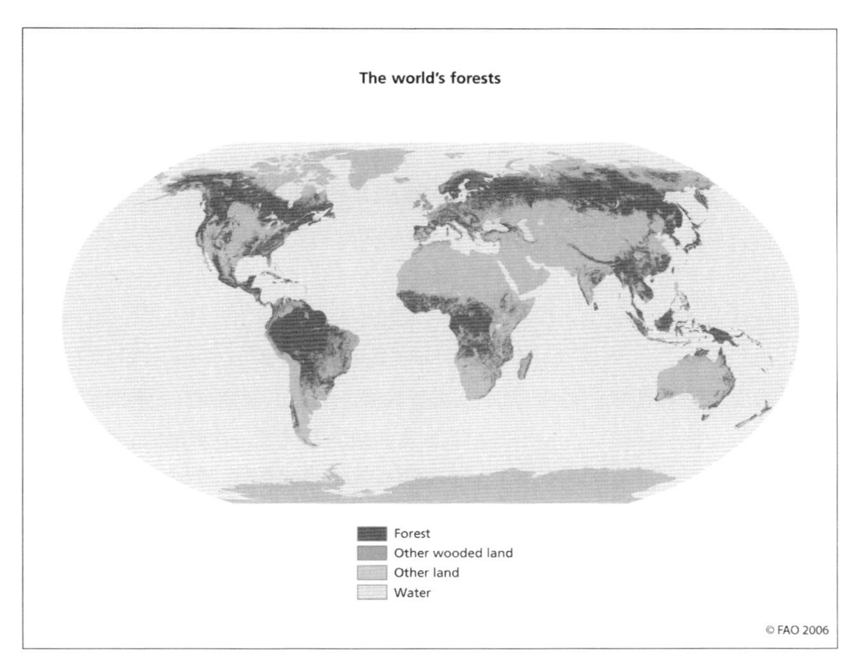

図 1–2　世界の森林分布（国連食糧農業機関 2006）

から 2010 年の間に，年平均で 521 万 ha の森林がなくなった．この 40 年で 5.5 億 ha の森林が減少した．

森林減少のおもな舞台は熱帯林である．先進国では，森林面積はむしろ増加している，といわれている．熱帯をはじめとする途上国では，農地開発，燃料採取，商業伐採など，さまざまな理由で森林が伐採され消えている．熱帯林の減少は，生物多様性の減少に直接関係するだけでなく，生態系の崩壊に結びつく可能性がある．

熱帯林では気温が高く土壌も湿潤なので，枯れ葉や枯れ枝などが地面に落ちると，ミミズやダニなどの土壌動物や，細菌，糸状菌などの土壌微生物により，すぐに分解されてしまう．分解されて植物に供給できる形になった炭素や窒素はただちに植物に吸収されるので，土壌は常に貧栄養の状態にある．熱帯林が伐採され，材木を持ち出すことは，すなわち，熱帯林生態系の養分もすべて持ち出すことを意味する．残された貧栄養な土地では，熱帯林の再生は難しい．

1–7 森林の種類

1–7–1　熱帯林

南回帰線と北回帰線との間にある森林を熱帯林とよび，それは大別して3種類の森林からなる．熱帯雨林（**図 1–3**），熱帯季節林，サバンナ林だ．

熱帯雨林は熱帯多雨林ともよばれ，年間を通して，気温較差が少なく温暖で降水量が多い環境に成立している．具体的にはアフリカ中部，東南アジア，ニューギニア，オーストラリア北部，南米に発達している．

熱帯雨林の特徴は「多様性」だろう．構成している植物の種多様性ばかりでなく，昆虫や鳥などの動物の種多様性，菌類の種多様性，そして，階層構造（木々の高さにより，低木層，亜高木層，高木層，超高木層などの階層に分かれること）の多様性まで，あらゆることに関して大きな多様性がある．同じ種類の樹木が100 m 以上離れている，すなわちある種類の木の周辺半径 100 m は全部違う種類

図 1–3　ブラジルの熱帯雨林（写真提供：林　一六氏）

であることは，まれではない．したがって，優占種ははっきりしないことが多い．林内には，つる植物や着生植物が多く生育し，大木の樹幹下部は板状に四方に張り出した「板根」が発達する．

東南アジアではフタバガキ科の樹木が，アフリカと南アメリカではマメ科の樹木が，優占する．

熱帯季節林はモンスーン林とも雨緑林ともいわれ，落葉樹林である．赤道からややはずれ，前述した雨期と乾期がはっきりしているところでは，植物は乾期の前に葉を落とす．雨期になれば緑をよみがえらせるので雨緑林とよばれる．これに対し，温帯の日本でみられるように冬に葉を落とし，夏になると緑になるタイプの落葉樹林は，夏緑林とよばれる．

森林と熱帯草原（サバンナ）の移行帯には，樹木の割合の高いサバンナが現れ，これをサバンナ林とよんでいる．

1–7–2　温帯林

熱帯と寒帯の間を一口に温帯とよんでいるが，ここにはいろいろなタイプの森林がみられる．特に暖かい方の半分と涼しい方の半分とでは，森林の相観が著しく違うので，暖温帯林と冷温帯林とに区別するのが普通である．

a．暖温帯林

冬の寒さが厳しくない暖温帯では，常緑樹が主体の森林が成立している．年平均気温が 13～21℃，月平均気温 10℃以上の生育期間が 7～9 カ月の地域である．

南西日本から台湾，中国南部を通りヒマラヤに至る地域，飛んで大西洋のカナリア諸島では，ツバキやゲッケイジュのような，葉が照る樹木が主体の常緑樹林が成立している．照葉樹林という．ちなみにツバキの語源は「ツヤ葉の木」だ．シイ類，カシ類などの常緑のブナ科と，ヤブニッケイ，シロダモなどの常緑クスノキ科との結びつきが世界的にみられる．わが国では，関東南部以南の低地，紀伊，四国，九州に暖温帯林の成立する地域がある．しかし，この地域は古くから人間が住み着いた地域と重なり，その影響で今日，自然林が残っているところはきわめて限られている．伊勢神宮や奈良の春日山が有名だが，宮崎県の綾の照葉樹林は，質・量ともにわが国で最も優れた照葉樹林だろう（**図 1–4**）．

また，地中海沿岸やアメリカのカリフォルニア，オーストラリア南西部のような地中海性気候の地域では，小さく硬い葉をもった常緑樹が林をつくる．硬葉樹

図 1–4　宮崎県綾の照葉樹林

図 1–5　硬葉樹林のコルクガシ（チュニジア）（口絵 A–1）
高さ 2m ほどから下の樹皮はコルク採取のためはがされている.

林とよぶ．樹皮からコルクをとるコルクガシ（**図 1–5**）やオリーブなどが代表的な種だ．これらの地域では，植物の成長が最も盛んな夏に乾期となるので，植物体から水分が蒸散するのを抑えるために，小さな硬く厚い葉をもっている．

b．冷温帯林

四季の変化がはっきりしており，冬の寒さが厳しい冷温帯では，冬の低温を迎える前に葉の養分を枝に回収し，葉を落とす落葉樹（夏緑樹）が優占する．年平

図 1–6　北米のアメリカブナ林

均気温6～13℃，月平均気温10℃以上の月が4～6カ月の地域である．

北半球の冷温帯で森林が発達するところでは，ヨーロッパでもアメリカでも西アジアでも，そして日本でも中国でも，ブナの仲間（ブナ科ブナ属）が森林をつくる（**図 1–6**）．

また，冷温帯ではナラの仲間もまた森林で優占することが，世界中に共通している．ブナ類やナラ類などの落葉性のブナ科と，クロモジ，ササフラスなどの落葉クスノキ科との結びつきが世界的にみられる．わが国では東北地方を中心に，北海道西半部，関東地方・中部地方の山地帯に夏緑林が発達している．夏緑自然林としては，青森県と秋田県の県境にある世界遺産・白神山地のブナ林が有名だ．

1–7–3　亜寒帯林

最寒月の平均気温が−3℃未満，あるいは月平均気温10℃以上の月が1～3カ月の地域に成立する林を亜寒帯林とよぶ．タイガともいわれる．亜寒帯林は針葉樹からなり，シベリア東部などのやや乾燥したところでは落葉針葉樹（カラマツ類）が，湿潤なところではエゾマツ，シラベ（シラビソ）などの常緑の針葉樹が優占する．これらのマツ科と，ブルーベリー類やサラサドウダンなどのツツジ科との結びつきが世界的にみられる．

北アメリカのアメリカ・カナダ国境付近から北，およびユーラシア大陸のシベ

図 1–7　亜高山帯針葉樹林（モロッコのアトラスシーダー林）
（口絵 A–2）

リアから北欧にかけて，広大な亜寒帯林が広がっている．わが国では，北海道に広がるエゾマツ・トドマツ林がこれにあたる．

温帯にあっても高標高地は気温が低く，亜寒帯と似た環境があり，似た森林ができる．これを亜高山帯林とよび，わが国の東北地方・中部地方の山岳地を中心とした亜高山帯林（コメツガ林，シラベ林，アオモリトドマツ（オオシラビソ）林など）が相当する．ユーラシア大陸のアルプスやヒマラヤなどの山岳地帯，南北アメリカ大陸のロッキー山脈やアンデス山脈などのほか，北アフリカのアトラス山脈にも亜高山帯針葉樹林がみられる（**図 1–7**）．

亜寒帯林（亜高山帯林）よりさらに気温が低くなると，もはや森林は成立できず，代わってツンドラや高山荒原が広がるようになる．

1–8　森林の効用

いろいろな環境に多様な森林が成立していることを述べてきた．これらの森林は，さまざまな面で人間の生活に役に立っている．建築材やパルプ材，燃料材など，木材としての価値以外の効用を公益的機能という．

水源涵養・水資源保全の機能は古くから有名だ．土砂崩れ防備や雪崩防止，飛砂防止，水害防止など，国土災害の防止，国土保全の機能もよく知られている．

このほか，風害防止や雪害防止などの気象緩和機能や保健・風致などの機能を併せ，林野庁は必要に応じて保安林として指定し，森林のもつ公益的機能を守るために，森林伐採や管理に一定の制限を加えている．この保安林には「魚つき保安林」というのもあり，沿岸の魚資源保全に資するために指定している．

近年では，生物多様性の保全や炭素循環への寄与など，森林が地球規模での環境保全に大きな働きがあることが注目されている．また，森林はわが国固有の文化の維持にも大きな機能を果たしているうえ，日本人の精神性にも大きな影響を与えている．

（中村　徹）

第2章　世界からみた東アジアの森林

2–1　はじめに

南は赤道から北はシベリア高緯度帯まで，東アジアは広範囲にわたって様々な森林が広がっている．赤道付近で熱帯林が，北回帰線付近では暖温帯常緑広葉樹林が，日本列島付近では暖温帯常緑広葉樹林から冷温帯落葉広葉樹林，そして常緑針葉樹林と混交する針広混交林が，日本以北では亜寒帯性針葉樹林が広がっている．これは低緯度から高緯度までの気候の変化に対応した森林植生の変遷を意味している．東アジアの森林は，気候条件によってその相観が決まっている．以下にその特徴とそれを規定する要因についてみてみよう．

2–2　東アジアの気候と森林の特徴

東アジアはモンスーンの影響を受けた気候の季節性が大きな特徴となる．一見すると季節性がなさそうに思われる低緯度熱帯地域でも，微妙な季節性が存在する．1997 年から 1998 年にかけて発生した大規模なエルニーニョによって，東南アジアでは干ばつが生じ，樹木の枯死や大面積での森林火災が発生して熱帯林の森林生態系に大きな影響を及ぼした．また，雨季と乾季がある東北タイの熱帯季節林のように，降雨量の季節変化と対応して，森林のタイプそのものが変化する例もある．

気候の季節性は，降雨量にも影響している．特にモンスーンの影響をうける東アジア地域では，季節にもよるが豊富な降雨量がみられる．また，標高の高いところや高緯度地域では，冬期に降雪がみられる．特に我々のすむ日本列島の多くの地域では，春夏秋冬という明瞭な季節性がみられるという大きな特徴がある．

2–3 東アジアの森林

本書の第 1 章では世界の森林の様子について，第 8 章では日本の森林植生についての記述がある．本章では第 1 章で述べられた世界の森林から，東アジアの森林についてのみ説明しよう．

2–4 赤道付近から北回帰線までの森林

赤道付近から北回帰線付近の低地林では，フタバガキ科の樹木が優占する混交フタバガキ林が広がっている．混交フタバガキ林とは，フタバガキ科の複数の樹種から構成されていて，後述するような日本の温帯林を代表するブナ林のように，単一の種が優占する森林にならない特徴がある．例えば，混交フタバガキ林に森林調査区を設定すると，そのほとんどでフタバガキ科の樹種が優占し，出現するフタバガキ科樹の種数は 10 種以上にもおよび，ある特定の種が優占するようなことはあまりない．そのため，複数のフタバガキ科の樹種が同所的に優占するという意味で，混交フタバガキ林と呼ばれている．

この森林の特徴のひとつに，巨大な森林になることがある．樹木の葉が広がっている森林の最上部である林冠の高さは，60 m 以上にもおよぶ．これは京都の東寺の五重塔の高さに相当する．また，フタバガキ科の林冠を構成する個体の多くで，板根という地上高 5 m 以上にもなる支持根がみられる．この広がりは大人が手を広げた幅以上になる（**図 2–1**）．

また，構成する樹木の種の多様性も混交フタバガキ林の特徴である．森林内に 1 ha（100 m × 100 m）の調査区を設定し，胸の高さの幹の周囲長で 15 cm 以上の樹がどれくらいあるかを記録すると，100 種以上になることが多く，場合によっては 200 種以上の樹種が記録されることもある．

フタバガキ科の樹木の多くは，数年に一度，一斉開花をして結実する特徴がある（**口絵 B–1**）．この現象には様々な仮説があげられている．その中のひとつに，数年に一度起こる乾燥などの，長期的な季節変動の影響があげられている．

標高 1000 m 以上になると，フタバガキ科が優占する森林から，ブナ科の樹種やフトモモ科の樹種が優占する熱帯山地林がみられ，さらに 2000 m より高地に

図 2–1　マレーシア・サバ州タワウ公園の混交フタバガキ林の樹木（*Shorea joherensis*）の地際の様子

板根の上（地上高約 5 m）での幹直径が約 160 cm で，樹高は 78 m にも及ぶ.

なると，これらにマキ科の針葉樹が混交する熱帯山地林に変化していく．熱帯山地林の林冠高と種多様性は，標高の上昇によって徐々に減少していく．

2–5　北回帰線から日本までの森林

北回帰線から日本までは，主にブナ科の樹種がみられる森林が広がっている．暖温帯域では，先述した熱帯山地林と類似した樹種から構成される常緑広葉樹が優占する森林となる．主に常緑のブナ科樹種に加え，クスノキ科やツバキ科などである．日本でも高緯度や高標高になると，落葉するブナ科の樹種が優占するような冷温帯落葉広葉樹が優占する森林に変化する．特に，日本の冷温帯林を代表するブナ科のブナが優占する森林がその代表であろう．ブナ林の多くは湿潤な気候で優占し，乾燥が強くブナが優占できないようなところでは，同じブナ科のミズナラが優占する森林になる場合もある．例えば，北海道では，ブナ林は南の方にしか存在しないが，それ以外の多くの地域ではミズナラと他の落葉広葉樹が優占する森林が存在する．本州中部域でも同様の森林が存在する（**図 2–2**）．また，

図 2–2　栃木県日光のミズナラ林の様子

中国東北部でも似たような林分構造になる．

さらに北海道では，ミズナラなどが優占する落葉広葉樹林にトドマツやエゾマツなどのマツ科の常緑針葉樹が混交する針広混交林もみられる．

2–6　北日本の一部やシベリアまでの森林

北海道の北部では，トドマツやエゾマツなどのマツ科の常緑針葉樹が優占する亜寒帯針葉樹林が広がっている．また，本州の中部山岳域でも，同じマツ科のシラビソやオオシラビソ，トウヒなどが優占する亜寒帯針葉樹林がみられる（**図 2–3**）．

一方，これ以北や中国北部やシベリアなどでは，落葉針葉樹のカラマツが優占する針葉樹林がみられる．カラマツ林は日本の中部山岳域の一部，例えば富士山や浅間山，八ヶ岳などでもみられる．これらの山岳と中国北部やシベリアとの共通点には冬期の極度の乾燥や低温があり，この厳しい気候条件では冬期では落葉したほうがより適応的であるようだ．中国北部やシベリアのカラマツ林は，夏期のたびかさなる森林火災が影響を与えている森林であるのに対して，日本の中部山岳域のカラマツ林は火山活動や斜面崩壊などの撹乱の影響を受けた後に成立した森林という背景がある．

図 2–3　青森県八甲田山・大岳の森林限界付近のオオシラビソ林の様子

2–7 標高による森林の変化

東アジアは世界的にも非常に高い山岳を有し，その結果，標高傾度によって森林植生の移行を観察できる特徴がある．東南アジア最高峰である，マレーシアの

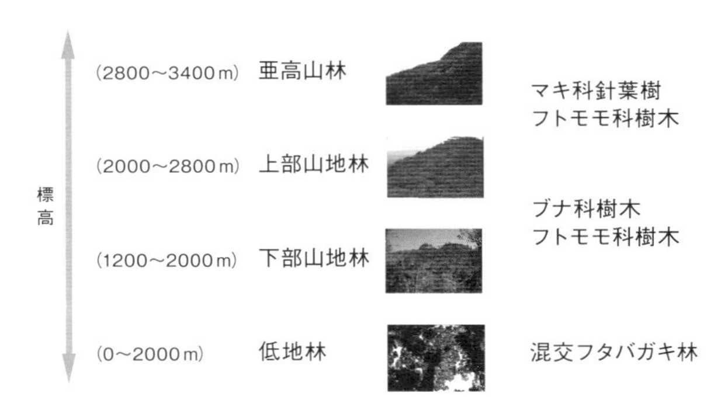

図 2–4　マレーシア・キナバル山の標高ごとの森林植生の変化
Kitayama (1992) と Aiba & Kitayama (1999) をもとに作図.

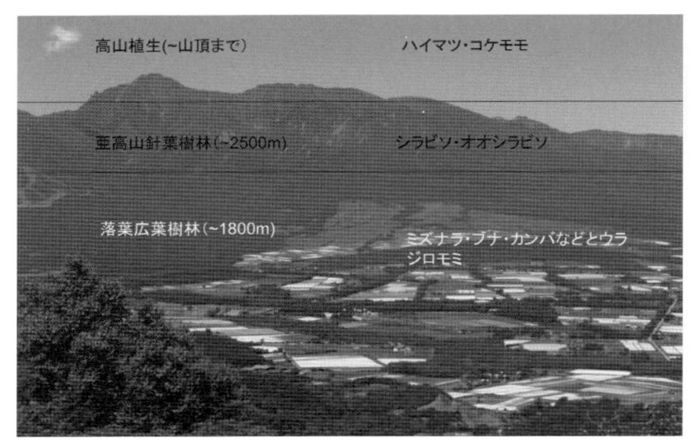

図 2–5　八ヶ岳の森林植生の標高傾度に沿った違い

キナバル山（標高 4109 m）は単体の山岳で，低地では混交フタバガキ林が，標高 2600 m 付近まではブナ科やフトモモ科が優占する熱帯山地林が，標高 3200 m 付近の森林限界付近ではフトモモ科とマキ科針葉樹の混交する亜高山林が連続的に観察できる（**図 2–4**）.

東南アジアでは森林限界の下までの高さの山岳は非常に限られているので，キナバル山の森林植生は非常に重要である．単体の山岳以上のスケールでは，台湾や屋久島，四国を山岳として考えると，ここでも暖温帯常緑樹林から冷温帯林，亜高山針葉樹林と森林植生が連続的に変化していくパターンをみることができる（**図 2–5**）.

2–8　立地土壌条件による森林の変化

これまでは，緯度や標高に沿った森林植生の変化を述べてきた．季節性に関係なく，同じ標高や緯度でも，土壌条件が異なると近接する森林と比較して違いがみられることがある．蛇紋岩地のような超塩基性岩を母材とする土壌では，その場所よりも標高が高い場所の植生がみられることがある．先述したキナバル山や四国，北海道の山岳でこのような植生を観察することができる．

低地のフタバガキ林でも，熱帯ヒース林と呼ばれるクランガス林（現地の言葉で「米が育たない所」という意味）や泥炭湿地林，火山灰が堆積したミネラルが豊富な立地環境では，優占するフタバガキ科の樹種が異なっている（Ashton, 1996）.

さらに，東アジアは数多くの火山を有している特徴がある．ジャワ島やフィリピン，中国東北部や日本では，火山活動の繰り返しによって成立した森林植生がみられる．詳しくは本書の第 3 章で述べられている．

2–9 おわりに

東アジアの森林は，降雨量とその季節変動，それに伴う成長期間の長さ，それらに加え土壌基質によって規定される．このような変化を一つの山岳や島などに絞った局所的なスケールで観察できる特徴がある．特に日本の森林植生を俯瞰してみると，亜熱帯から亜寒帯，低地林から森林限界，そして蛇紋岩や石灰岩などの多様な土壌基質を含む，実に多様な森林を観察できるというかなり貴重な存在といえる．巻末に参考文献をあげたので，興味のある方には一読を薦めたい．それ以上に，実際に森林に入ってみて，その変化を体験して欲しい．

（清野達之）

第3章 森の遷移

3–1 遷移とは

森林は，一見，動きのない存在のようにもみえるが，実際には，さまざまな時間スケールでダイナミックに動いている．それは，樹木の光合成の日周期の変化であったり，芽吹きや紅葉といった季節変化であったり，あるいは10年，20年かけて森が大きく育つ変化であったりする．本章で紹介する森の動きは，このような変化の中では，長い時間スケールのものに該当し，それは，「遷移」あるいは「植生遷移」とよばれる．

遷移とは，生態系あるいは生物群集の方向性のある時間変化のことを指す．したがって，季節変化や日変化のような周期的な変化は遷移には該当しない（Begon et al., 2003）．また，植物だけでなく，動物，微生物を含む概念であり，例えば，小さな池の中の水に生息するプランクトンの種構成の変化も遷移にあたる．森林を含めた植生，あるいはそれらを取り巻く環境を含めた時間変化を指す場合は，植生遷移とよんで区別することができる．本章では遷移といった場合，この植生遷移を指すこととなる．

例えば，畑の耕作を放棄すると，いわゆる雑草が生えてきて，やがて雑草は生い茂り，数年後には樹木が生えてくる．このような変化には，生育する植物の種の増加，樹木の増加，植物全体の現存量の増加などを伴っており，全体としては植生がより発達する方向に変化する．そして，遷移が進行し，これ以上，ほとんど変化しなくなった状態は「極相」とよばれる．極相は，気候条件によって森林（極相林）になる場合もあれば，草原になる場合もあり，温暖湿潤な気候条件下にあるわが国では，森林が極相となる地域がほとんどである．第1章で述べられている日本の森林帯は，いずれもこの極相林を想定しているものになる．

3–2 一次遷移と二次遷移

植生遷移を理解するには，一次遷移と二次遷移を区別することが必要となる．両者は植生の発達速度や植物と無機的環境との相互作用などの面で大きく異なる．一次遷移の場合，生物圏が完全に破壊された状態から始まる遷移であり，原則的には，火山の溶岩上や氷河の後退跡などの，植物や土壌がまったくない状態から始まる．一方，二次遷移は，山火事跡地や放棄畑のように，土壌や土壌中の種子を含めた植物体があらかじめ存在する状態から始まる遷移を指す．この土壌中の種子は，温度の上昇や光の増加によって初めて発芽することができる種子で，埋土種子とよばれる．この埋土種子は，耕地などでは 1 m^2 あたり 3 万個以上に及ぶ場合があることが報告されている（Silvertown, 1992）．したがって，雑草取りをしなくなった放棄畑では，一斉に埋土種子が発芽し，植物に覆われてゆくことになる．

3–3 遷移の研究アプローチ

植生遷移の研究手法には，時間変化を直接観察する手法と，成立年代のみが異なる立地を相互比較することによって時間変化を明らかにする方法がある．**図 3–1** の二つの写真は，東京都三宅島の 2000 年噴火の火山灰と火山ガスによって，被害を受けたスギ人工林の 2002 年から 2008 年までの変化を写したものである．写真の例の場合，火山灰の堆積が厚くなかったため，噴火前に生育していた植物の一部が生き残っていた．そのため，6 年間の森の動き（この場合は二次遷移）は非常に速く，一人の人間（この場合は著者自身）が直接，その動きを観察することができたわけである．

一方，成立年代のみが異なる立地を相互比較する手法は，英語でクロノシーケンス研究（chronosequence study）とよばれる手法であり，一人の人間が直接観察することができない，数十年から数千年といった長期的な遷移を対象とするのに適している．**図 3–2** は，火山島である伊豆諸島の三宅島におけるこのクロノシーケンスの例である．三宅島では，噴火年代の異なる溶岩流が，島の中腹からふもとにかけて分布している．また，火山噴出物の堆積した方向は，それぞれ異なっているが，島内の方位による極端な降雨量や温度の差は少ない．これらの溶

図 3–1　三宅島 2000 年噴火により破壊されたスギ人工林の 6 年間（2002 年から 2008 年）の変化

道標の位置関係から，ほぼ同じ方向から撮影したことがわかる．2002 年時点では，枯れたスギが立っているのみだが，2008 年にはオオバヤシャブシの亜高木林になっている．

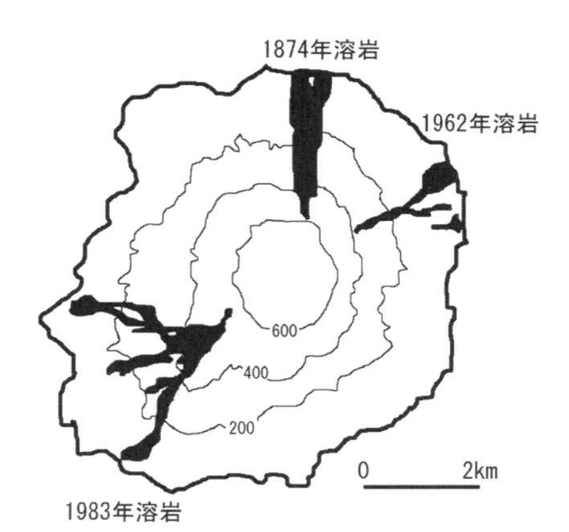

図 3–2　2000 年噴火前の三宅島における，1874 年溶岩，1962 年溶岩，1983 年溶岩の分布（国土庁土地局（1987）をもとに作成）

岩流上に成立した植生を比較することによって，遷移を研究することができる．

クロノシーケンス研究について，著者らが三宅島で行った研究（Kamijo et al., 2002）を例に説明する．まず，調査対象とした溶岩流は，1983年，1962年，1874年に流出したものである．現地調査は，1999年に行っているので，調査時における生態系が生まれてからの年齢（溶岩が流れ出てからの年齢）を換算することができる．つまり，1983年溶岩流が16歳，1962年溶岩流が37歳，1874年溶岩流が125歳となる．溶岩流の上に生育している植物の方をみてみると，16歳の溶岩流上では，落葉広葉樹のオオバヤシャブシや多年生草本のハチジョウイタドリが，点々と生育しているに過ぎず，溶岩むき出しの裸地が大部分を占めている（**図3–3**（a））．次に，37歳の溶岩流上では，裸地の割合は少なくなり，オオバヤシャブシからなる低木林が成立するようになる（**図3–3**（b））．さらに，125歳の溶岩上になると，落葉広葉樹のオオシマザクラ，常緑広葉樹のタブノキなどからなる高木林が形成される（**図3–3**（c））．まとめると，三宅島の溶岩上の遷移は，裸地→オオバヤシャブシ低木林→オオシマザクラ・タブノキ林と整理することができ，このように，クロノシーケンスを利用することで，125年にわたる変化（遷移系列とよぶ）を理解することができるのである．クロノシーケンスを利用した研究は，伊豆大島（Tezuka, 1961），桜島（Tagawa, 1964），ハワイ諸島（Aplet and Vitousek, 1994；Kitayama et al., 1995など）といった火山でも行われ，それぞれ特徴的な遷移系列が明らかにされている．また，三宅島の土壌生

（a）1983年溶岩

（b）1962年溶岩

（c）1874年溶岩

図3–3　三宅島の1983年溶岩，1962年溶岩，1874年溶岩上の植生（口絵C–1）

（a）16年経過した1983年溶岩上の中央の樹木はオオバヤシャブシである．（b）37年経過した1962年溶岩上では，裸地の部分は減少し，オオバヤシャブシの低木林になっている．（c）125年経過した1874年溶岩上では，オオシマザクラとタブノキが優占する高木林となっている．（1999年撮影）

成過程についてもクロノシーケンスによる研究（Kato et al., 2005）がなされており，第5章で紹介されている．

3–4 気候と極相

前節では三宅島の遷移を紹介した．それでは，三宅島の極相林は何になるのだろうか？　この疑問に答える前に，気候と極相の関係について説明する．極相林は，第1章で述べられているように気候条件に応じて成立する．日本の本州の森林帯を例に挙げると，亜寒帯ではシラビソ，オオシラビソ，コメツガなどからなる常緑針葉樹林，冷温帯ではおもにブナからなる落葉広葉樹林（夏緑広葉樹林），暖温帯ではスダジイ，ツブラジイ，タブノキ，アカガシ，イチイガシなどからなる常緑広葉樹林がそれぞれ極相林となる（福嶋・岩瀬，2005など）．三宅島は，この中で最後に挙げた暖温帯に属する．また，800年以上噴火影響を受けていない地域では，スダジイの巨樹からなる森林がみられる．この地域は，溶岩や火山灰などが幾度も堆積しており，厳密な意味のクロノシーケンスの比較にはならないが，成立年代の古さから考えると，スダジイ林が三宅島の極相林になる．

極相と気候に対応関係がみられるように，遷移系列全体も気候と対応して変化する．例えば，寒冷な気候条件下にある富士山の亜高山帯の噴火跡地では，多年生草本のイタドリ，落葉広葉樹のダケカンバ，落葉針葉樹のカラマツなどが出現し，シラビソやコメツガからなる常緑針葉樹林へと遷移する（Ohsawa, 1984）．また，本州中部の冷温帯では，火入れや刈り取りで維持されてきたススキの二次草原が放置されると，アカマツ林→ミズナラ林へと遷移（二次遷移）し，ミズナラ林はさらにブナ林に遷移すると考えられている（林，2003など）．また，暖温帯のコナラ二次林は，薪炭材や落葉の採取のため，定期的な伐採により維持されてきたものであるが，利用が放棄されると，シラカシやアラカシなどの常緑広葉樹林に遷移（二次遷移）する（福嶋，2005など）．

3–5 遷移のメカニズム

遷移では，出現する植物の種が時間経過とともに入れ替わってくる．本節では，遷移のメカニズム，特に種の入れ替わりメカニズムについて，三宅島の例

（Kamijo et al., 2002）をもとに説明する．遷移のメカニズムを理解するに当たって，種を個別にみるだけではなく，遷移初期種，遷移中期種，遷移後期種といった遷移系列上の大まかな区分を使用すると理解しやすい．

三宅島の溶岩上の一次遷移では，オオバヤシャブシやハチジョウイタドリが遷移初期種，オオシマザクラが遷移中期種，タブノキ，スダジイ，ヤブツバキが遷移後期種となる．代表的な遷移初期種であるオオバヤシャブシが，溶岩上に真っ先に侵入できる理由として，(1) 小型の風散布種子をもつ（**図 3–4**）ため，広域的に種子が散布されること，ならびに (2) 放線菌と共生することで，根粒（**図 3–5**）から大気中の窒素分子を吸収できる（窒素固定できる）ため，貧栄養な立地でも生育できることの 2 点が挙げられる．土壌生成が進んでいない溶岩上は，植物が利用可能な養分がほとんどない状態にある（**図 3–6**）．しかし，リン，カルシウム，カリウム，マグネシウムなどは，鉱物として潜在的には溶岩中に豊富に存在し，溶岩がこれらの元素の供給源となる（**図 3–6**）．一方，窒素はこれらの元素と異なり，溶岩中にほとんど存在せず，溶岩は窒素の供給源とはならない．このように養分の面からみると，新しい溶岩は窒素の供給源を欠いた状態と捉えることができる．一方，オオバヤシャブシは他の植物が利用できない大気中の窒素分子を吸収することができるため，窒素を成分として欠いている新しい溶岩上にも侵入できるものと考えられる（**図 3–6**）．

溶岩上に生育するオオバヤシャブシの根粒から吸収された窒素は，葉，枝，幹

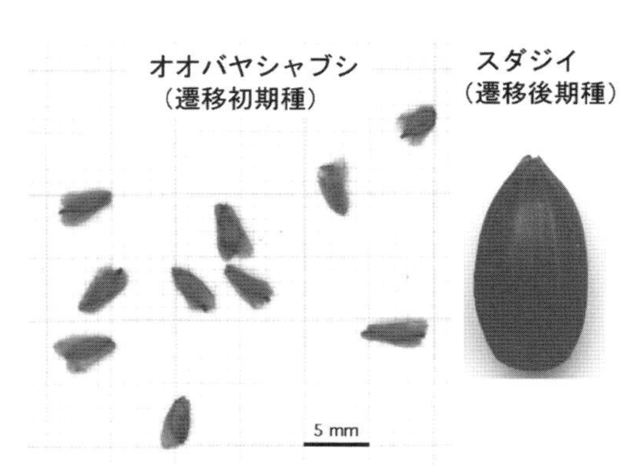

図 3–4　オオバヤシャブシ（遷移初期種）とスダジイの種子（遷移後期種）

図 3–5　オオバヤシャブシの根粒
根粒の部分を矢印で示してある.

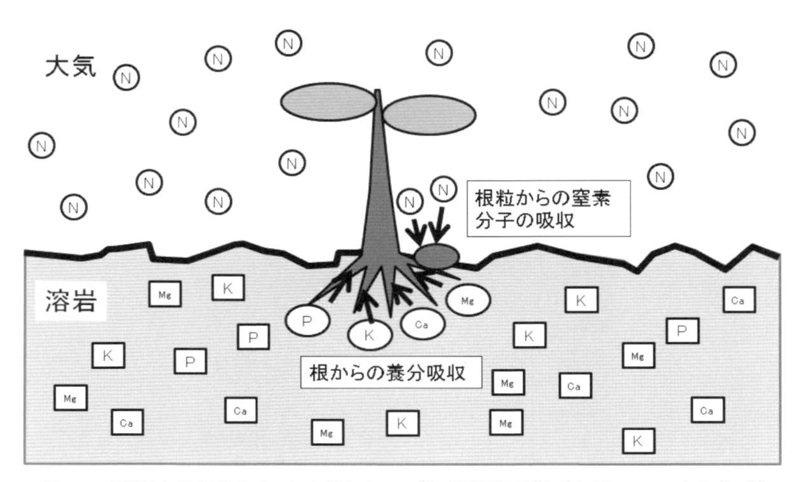

図 3–6　溶岩上に侵入したオオバヤシャブシの養分吸収（上條，2008 より作成）
新しい溶岩中では，リン（P），カルシウム（Ca），カリウム（K），マグネシウム（Mg）などは存在するが，窒素（N）は，ほとんど含まれない．しかし，根粒をもつオオバヤシャブシは，他の植物が利用できない大気中の窒素分子も吸収することができる．

に転流され，これらの器官が枯死脱落すると，溶岩上に窒素が供給されることになる．窒素固定を行わない植物も溶岩上に侵入しやすくなると考えられる．このような遷移の進行を速める効果を「促進効果」とよぶ．

オオバヤシャブシは新しい溶岩上での生育に適しているが，遷移が進行し，森林が発達すると，森林内に届く光が不足し，新たな芽生えの定着はなくなる．一方，タブノキやスダジイ（**図 3–4**）などの種子は大型であり，森林内でも種子が発芽し，大型の芽生え（**図 3–7**）が定着する．これは，森林内のような光の不足した環境では，定着に必要な貯蔵物質がより多く必要になる（Silvertown, 1992）ためと考えられる．また，葉の光合成の面からみても，耐陰性のないオオバヤシャブシは，発達した森林内での生活に適していない．そして，大きくみると，

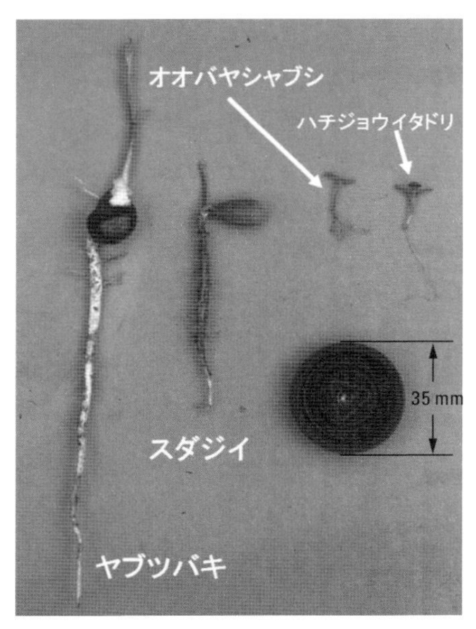

図 3–7　遷移初期種（オオバヤシャブシ，ハチジョウイタドリ）と遷移後期種（ヤブツバキ，スダジイ）の芽生え

種子が小型な遷移初期種は，芽生えも小さく，根も貧弱であるのに対して，遷移後期種の芽生えは大きく，根も発達していることがわかる．右下には，大きさ比較のためのフィルムケースのふたが置いてある．

オオバヤシャブシのような陽樹からタブノキ，スダジイのような陰樹へと樹種が移り変わってゆくこととなる．

3–6 数百万年の森の動き―ハワイ諸島における森林の発達と衰退―

最後に，遷移に関する興味深い事例を紹介する．これまでみてきた遷移は，数年から数百年スケールであった．では，これが数万年，数十万年となったらどうなるであろうか．ハワイ諸島では，火山活動に基づいたクロノシーケンスを利用して，百万年スケールの森の動きが調べられている（Kitayama et al., 1997 など）．

ハワイ諸島の噴火活動は，ハワイ島（**図 3–8**）の東に位置する，ホットスポット（マグマの吹き出し口）に関係しており，このホットスポットに近い島（ハワイ島）ほど火山活動が活発となっている．また，ハワイ諸島全体が東から西に移動する太平洋プレート上にあるため，島々はゆっくりと東から西に移動している．そのため，島は噴火によってホットスポット近くで成立し，その後，プレートの移動によりホットスポットから離れるにつれて，その活動が不活発となってゆく．つまり，東西方向に並ぶ島々は，それぞれ成立年代が異なり，東の島ほど新しく西の島ほど古いのである．

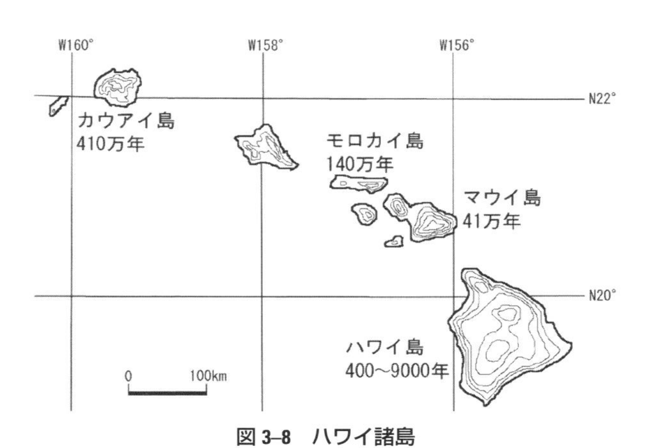

図 3–8　ハワイ諸島

調査地の年齢は，Kitayama et al.（1997）に基づく．

図 3–8 は，湿性山地林における研究例（Kitayama et al., 1997）の調査地とその年代を示している．最も東にあるハワイ島の調査地は，成立後，400～9000 年となっている（なお，ハワイ島では，現在も噴火中の場所，つまり 0 歳の生態系もつくられ続けている）．その西にあるマウイ島の調査地は 41 万年前，さらに西にあるモロカイ島の調査地は 140 万年となっている．そして，大型の島としては最も西に位置するカウアイ島の調査地は 410 万年となっている（**図 3–8**）．これらの調査地（クロノシーケンス）の森林を比較することで，410 万年に及ぶ森の動きを知ることができる．**図 3–9** は，各調査地の森林の現存量と立地の年齢の関係を示したもの（Kitayama et al., 1997）であり，年齢は対数目盛で表示されている．ここで現存量とは，1 ha の森林の地上部分を乾燥させた重量のことであり，森林の大きさや発達程度を知ることができる．**図 3–9** をみると，ハワイの湿性山地林の現存量は，最初，立地の年齢とともに増加するが，数千年から1万年でピークとなり，その後は減少することがわかる．つまり，前述した極相の,「これ以上，ほとんど変化しなくなった状態」という定義が，百万年スケールでみると，必ずしも成り立たないことがわかる．

次に，ハワイ諸島の遷移初期種，遷移中期種，遷移後期種について説明する．最も近い大陸であるアメリカ大陸から 3800 km の距離があるハワイ諸島は，ハワイ諸島の固有種が多いと同時に，大陸から植物が渡ってくることがきわめて困難であった．そのため，極端に植物の種数が少なく，湿性山地林の一次遷移においては，ハワイフトモモ *Meterosideros polymorpha*（**図 3–10**）という固有種の一種

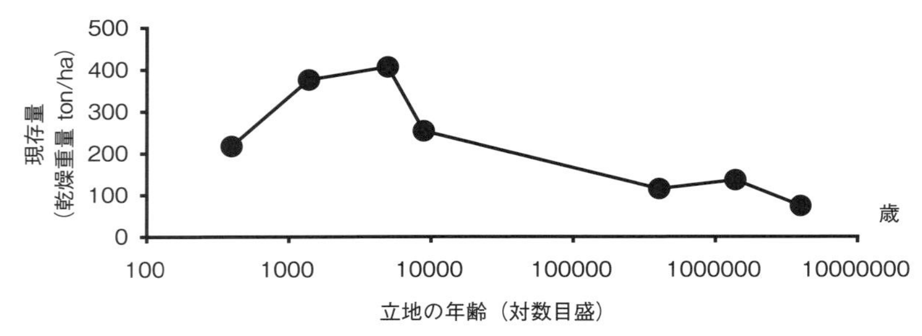

図 3–9　ハワイ諸島における，立地の成立後の年齢と湿性山地林の現存量（乾燥重量 ton/ha）との関係（Kitayama et al., 1997）

立地の年齢が対数目盛となっていることに注意.

が，遷移初期から百万年以上経過した立地の主要な構成種となっている．つまり，ハワイフトモモは，遷移初期種，遷移中期種，遷移後期種のすべてを兼ねていることになる．つまり，裸地→ハワイフトモモ疎林（**図 3–11**）→ハワイフトモモ

図 3–10　ハワイフトモモの花

図 3–11　ハワイ島の約 400 年経過した溶岩上に生育するハワイフトモモ

写真中の高木はいずれもハワイフトモモである．

林（**図 3–12**）と遷移し，その後，ハワイフトモモ林の現存量が変化（減少）してゆくのである．ハワイ諸島の中でも特に島の成立が古いカウアイ島（**図 3–8**）では，ハワイフトモモ林の樹高は低く，場所によってはハワイフトモモの低木林（**図 3–13**）もみられる．

図 3–12　ハワイフトモモの巨樹．手前にあるのは木性シダ（口絵 C–2）

ハワイ島の約 3000 年経過した溶岩上に成立した森林内で撮影．

図 3–13　カウアイ島のハワイフトモモの低木林（口絵 C–3）

では，なぜ数十万年，数百万年と経過すると，森林の現存量は減少してしまうのだろうか？　その原因に関しては，植物と土壌の相互作用や土壌の養分の観点から研究（Crews et al., 1995；Kitayama et al., 1997；Cladwick et al., 1999 など）がなされており，植物の必須元素であるリンが土壌中で植物の利用できない不可給態に変化することが大きな原因の一つと考えられている．また，溶岩をはじめとする火山の噴出物中にはリンをはじめとする養分が含まれており（**図 3–6**），これらの養分が利用しやすい状態にあるときに，ハワイフトモモ林が最も発達するものと考えられている．

このようなハワイ諸島の研究例は，非常に特殊な事例に感じられるが，森林生態系の発達と維持を支えているものは何であるか（この場合は，リンの重要性）を考えるうえできわめて示唆に富んでいる．

3–7　おわりに

私たちが目にする森林の大きさや種構成は，気候などの環境条件のみでは説明することはできない．なぜなら，森林にはさまざまな遷移段階のものが存在するからである．例えば，筑波大学とその周辺には針葉樹のアカマツや落葉広葉樹のコナラからなる森林がみられるが，これらは二次林であり，気候的極相である常緑広葉樹林に遷移する途中の段階として位置づけられる．すなわち，森林の相観や種構成の理解には，気候などの環境条件とともに，遷移という時間軸で捉えることが必要なのである（第１章参照）．一方，本章で紹介したように，直接観察やクロノシーケンスなどを用いて森の遷移過程を明らかにすることは，それぞれの森の成り立ちを知ることともいえる．三宅島やハワイ諸島の例でみたように，遷移のメカニズムを研究する場合，個々の植物の生理や種子の特徴，土壌，養分，地質などに関する，広範囲な知見を有機的に結びつけてゆくことになる．いいかえれば，遷移過程とそのメカニズムの理解は，森林生態系全体の理解を深めることにつながっているのである．

（上條隆志）

第４章　森林と水・土砂の移動

4–1　表面流の発生と地形プロセス

4–1–1　森林と裸地の水循環の違い

一般に森林は，降水を貯留し，洪水を軽減し，土壌侵食を防止するという効果があるといわれている．森林，特に広葉樹からなる天然林では下層植生が繁茂しており，落葉層が厚く，土壌の粗孔隙が多い．このような森林斜面では，高い浸透能（水が地下へしみこむ速度）のためほとんどの降雨は浸透し，地表流はほとんど発生しない．

図 4–1（a）のように，森林斜面には浅いくぼみはあるものの，地表面は落葉に厚く覆われ，水流の発生した跡はみられない．水は，斜面より下方の湧水点に（**図 4–1**（b））おいて湧出している．この水の流動経路は，基本的には，大雨の

図 4–1　森林斜面と湧水

ときも日照りのときも同様で，降水の地下への浸透，地中水の湧出という経路をたどる．湧水点の位置は渇水期と降雨直後で移動するケースもあるが，急傾斜の山地では絶えず同じところから水が湧き出していることも多い．このことからも，降水を保持し時間をかけて流動している場所は，森林土壌の下部に存在する風化土層および岩盤の亀裂であり，森林土壌そのものではないことがわかる．したがって，森林は，“水を蓄えるダム”そのものではないものの，水を貯留する本体である貯留層への入力をつかさどる重要な役割をもっている．

森林斜面では，降雨時においては，湧水からの水流出は多くなるものの，斜面からの土砂の移動はほとんどなく，水量が増えたことによる湧水点下流の侵食がみられるのみである．このように通常においては森林斜面においては，あまり土砂の移動はみられない．これに対し，森林が伐採された場合は，表面が裸地となり，以前とは異なった水・土砂移動を起こす．

森林を伐採し，地表面が裸地化した場合，降雨を十分浸透させることができず，水が地表面を流れ出す．これをホートン地表流とよぶ．水が表面を流れることによって，斜面で侵食が発生してしまう（**図 4–2**）．斜面からある距離までは，地

図 4–2　森林伐採後のヒノキ新植地における土壌侵食

表面は比較的平坦なのであるが，ある程度斜面下方になると溝状の侵食が発生する．これをリル（rill）とよぶ．リルの深さはおよそ2～10 cm程度であることが多い．

リルの上方は，侵食されていないわけではなく，「リルの間」という意味の「インターリル侵食」とよばれる侵食が発生している．インターリル侵食とは，雨粒が地表面にぶつかり，その衝撃によって土砂が跳ね上げられる「スプラッシュ」と表面の水が細粒土砂を流すという布状侵食「シートフロー」による侵食である．リルが成長し，合流を重ねるとガリ（gully）とよばれるより深い侵食をもつ谷地形となる．ガリは一般的には30 cmより深く，上流のリルとは明確に違っている．

世界的にみてみるとホートン地表流は，森林地域ではなくむしろ森林が成立しえない乾燥地において多く発生する．**図4–3**は，アメリカのデスバレーにおけるガリ地形であるが，気温が高いうえに，年降水量が0 mmの年もあるために植生が生育できない．そのような地域においても，斜面を侵食するプロセスは，水なのである．森林が成立しないため表面が裸地となり，浸透能を超えた水が短期間に地表面を侵食し，谷地形をつくる（**図4–3**）．そのため，水流は降雨が発生しているときに限られるが，降雨ピークのさいに大きな水流を発生させるため，雨

図4–3　ガリ侵食による地形（デスバレー，カリフォルニア）

滴衝撃によって発生するインターリル侵食のみならず，リルやガリ壁面の侵食によって多くの土砂を侵食し，斜面下方に流下させる．このことにより，降雨のたびに土砂を流出するという地形が形成される．乾燥地域に降る貴重な水は，浸透能が低いために多くは流出してしまう．乾燥地でまれに洪水が発生するのはそのためである．また，浸透能が低いことは，土壌中への土壌水分増加にはつながらない．植生などの被覆があれば，浸透能が一般には高く，水を地中に蓄えることができることと比べると対照的である．いいかえれば，森林が失われれば，降雨のたびに水・土砂流出が発生し，土壌に水を浸透させることができず，ますます森林の回復が遅れるという負のフィードバックに入り込むのである．

4–1–2　浸透能とは

このように，森林における水循環の特徴は地中に水を浸透させることであるが，その指標として，「浸透能」という言葉が使われる．これは，単位時間，単位面積に浸透する最大の量である．**図 4–4** は，浸透能を表す模式図である．わが国においては，降雨の表記が一般的に mm/h で表されることが多いので，浸透能も mm/h の単位で表記されることが多い．

従来は，森林の浸透能は，200 mm/h 以上と非常に高いといわれてきた（村井・岩崎，1975）．しかしながら，村井らの浸透能測定法は，冠水型（ある区画に水を蓄えてその減少量を測定する）や流水型（斜面から水を流し水の減少量から浸

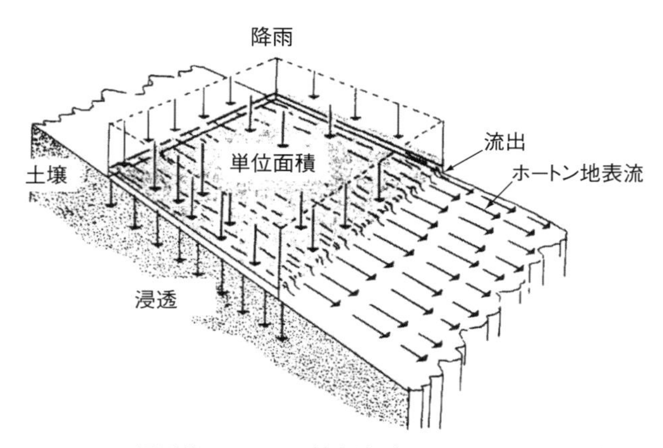

図 4–4　浸透能とホートン地表流（Strahler, 1974 より改変）

透能を計算する）といった方法である．しかしながら，冠水型や流水型は，裸地や耕地においては，降雨を与えて**図4–4**のように，実際の雨滴衝撃と同様な降雨を与えた場合と比べてかなり（場合によっては1桁）高い値を示すことがわかっている（Mayer and Hamon, 1979）．また，測定される浸透能の値は，雨滴衝撃力と大きな関係にあることがわかってきたために，裸地においては，実際の雨の雨滴衝撃力を再現したうえで浸透能を測定することが，一般的となってきている．

4–1–3　表面の被覆と浸透能

それでは，森林が伐採などの影響で裸地化した場合は，どのような浸透能をとるのであろうか．従来は，森林において，大きな雨滴衝撃力を発生させる装置がなかったために十分なデータはなかった．そこで，我々は，実際の現場と同様な大きな雨滴衝撃力を発生させる装置として，振動ノズル型散水装置（**図4–5**）を開発した．これは，工業用のフラットスプレーノズルを用いて，直径2 mm以上の大きな雨滴粒径をもつ人工降雨を発生させることができ（Meyer and Harmon, 1979），またノズルを振動させて間欠的に散水を行うことで，大粒径の雨滴を発生させても降雨強度を適度な範囲に抑えられる．しかし，既存の装置は構造が大掛かりで，急峻なわが国の山地では使用することができなかった．そこで，従来

図4–5　振動ノズル型散水装置とさまざまな表面被覆

の大型であった振動ノズル型散水装置を改良し，山地斜面でも使用できるように改良した（加藤ほか，2008）．この装置では，降雨強度 180 mm/h，地表面に対して 16.8 J/m^2/mm の雨滴衝撃エネルギーを与えることがわかった．このエネルギーは，ヒノキ人工林における林内雨と同等の値である．

近年人工林の手入れが行き届かず，林内の下層植生が減少し，一部は裸地化しているところが多いという報告がある（恩田ほか，2008）．そこで，この装置を用いて測定した荒廃したヒノキ人工林の浸透能と，下層植生（シダ）との関係を調査した．そのために，**図 4–5** に示したようなさまざまな比率の下層植生からなる区画を選定した．実験には，まず水平投影面積が 1 m^2 の散水区画を斜面に設置し，集水装置に取り付けたホースから流出する水量を測定することによって，散水区画内で発生した地表流量の経時変化を測定する．

ここでは，平均の降雨強度が 181.0 mm/h の人工降雨を 20～25 分間散水区画に与え，散水区画から流出する表面流量を，メスシリンダーを用いて 1 分ごとに計測した．浸透能は，散水区画から流出した表面流の流出高を，散水区画に与えた人工降雨の降雨強度から差し引くことによって算出される．一般的に，浸透能試験中の浸透能は散水開始から徐々に低下し，時間の経過とともにやがて安定する．そこで，実験の最後の 3 分間の平均値を散水区画の最終浸透能とした．散水型実験における浸透能は，降雨強度が高くなるほど高くなる傾向があることが知られているが（例えば，Dunne et al., 1991），ここでは，180 mm/h の散水強度のさいの浸透能を基準最終浸透能として示した．

下層植生を乾燥させた重量および落葉・落枝量（リター乾重量）と基準最終浸透能の関係を**図 4–6**（a），（b）に示した．下層植生乾重量と基準最終浸透能の関係（**図 4–6**（a））は，対数回帰式でよく表すことができた（R^2 = 0.89）．このことは，森林内であっても，下層植生が減少すると浸透能が急激に減少することを示す．下層植生乾重量が 15 g m^{-2} よりも多い地点では基準最終浸透能が 170 mm h^{-1} よりも高く，下層植生乾重量が比較的少ない地点（<4 g m^{-2}）では，基準最終浸透能が 150 mm h^{-1} よりも低かった．また，下層植生がみられない地点では，基準最終浸透能が 80 mm h^{-1} よりも低い値を示した．

図 4–6（b）には，落葉や落枝からなるリターの乾重量と基準最終浸透能の関係は直線回帰できることがわかった（R^2 = 0.81）．一方，リター乾重量が 600 g m^{-2} よりも多い地点では基準最終浸透能が 140 mm h^{-1} よりも高く，リター乾重量が

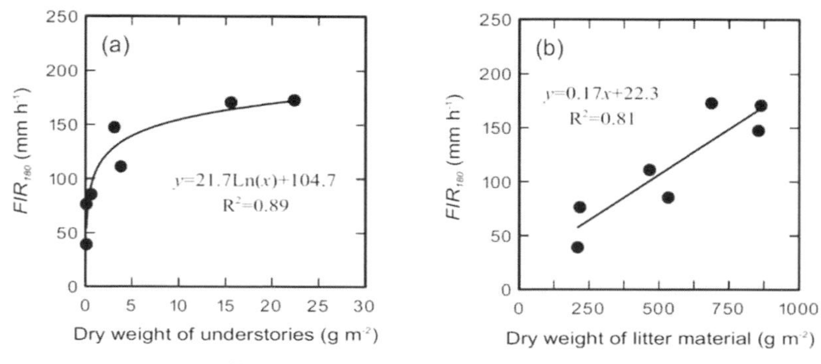

図 4–6　下層植生量とリター量と浸透能の関係（加藤ほか，2008）

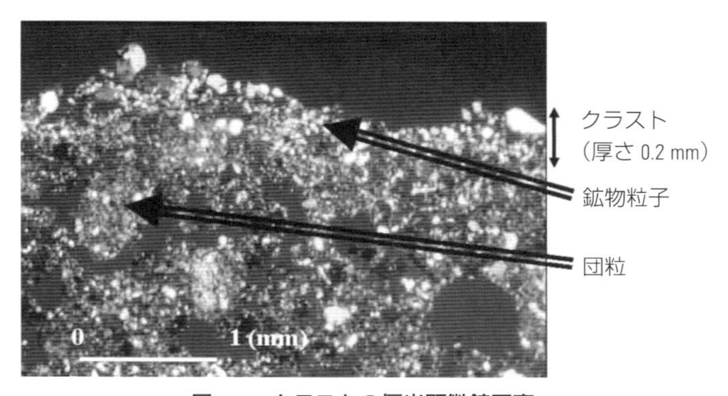

図 4–7　クラストの偏光顕微鏡写真

おおよそ 200 g m^{-2} の地点では，基準最終浸透能が 80 mm h^{-1} よりも低い値を示した．これらのことから，人工林の手入れを怠ると，表面が裸地と同じような状況となり，浸透能の低下が引き起こされ，水・土砂が降雨のたびに流出することを示す．

このように裸地化すると浸透能が低下する原因として，雨滴衝撃により形成される「クラスト」があるとされている．**図 4–7** は，クラストの断面の偏光顕微鏡写真である（恩田，1995）．この写真のクラストは，三重県のヒノキ林から採取してきた花崗岩質の土壌を用いて，30 分間の人工降雨を 5 回繰り返すことで生成された．土壌の表面付近をよく観察すると，薄い細粒物質の集積層（0.2 mm）

が形成されていることがわかる．これは土壌粒子が雨滴に直接さらされることにより，軽い有機物は濁水となり流下するが，重い鉱物粒子は地表面に堆積することから形成される．このクラストの形成により，水の地中への浸透が妨げられる結果，浸透能が劇的に低下するのである．このように，地表面が裸地化することにより，浸透能が低下するのは，雨滴衝撃による土壌団粒の破壊が原因であり，人工林を管理するさい，林床の裸地化が起こらないように十分注意しなければならない．人工林荒廃の水土砂移動については，『人工林荒廃と水・土砂流出の実態』（恩田編，2008）に詳しいので，参照されたい．

4–2 地下水による地形変化

4–2–1 水の浸透プロセスと地形変化

降水の浸透プロセスと地形変化についての模式図を**図 4–8** に示した．地表面が裸地の場合は，浸透能より降雨強度の方が高いため，ホートン地表流が発生し，そのさい，インターリル，リル，ガリ侵食が発生する．これに対し，森林においては，一般に浸透能が降雨強度に対して十分高いために，地中に水が浸透する．通常の降雨においては，水は湧水点から湧出し，多くの土砂を下流に流下させることはない．しかしながら，100 年確率の降雨などの豪雨が降った場合には，大きな地形変化をもたらす．それは，一般には「山崩れ」とよばれる急激で大きな土砂移動である．

図 4–8　水の浸透と地形プロセス

4–2–2　表層崩壊

山崩れは，その形態・規模に応じて「表層崩壊」「深層崩壊」「地すべり」の三つの種類に分けられる．表層崩壊は，山地の基盤岩の上部の土層が，台風や集中豪雨などの影響で土層中の間隙がほとんど水によって置き換えられ，急激に下方に移動してしまう状態をいう．**図 4–9** は，表層崩壊の例であるが，一般に深さ 1 m 程度，幅数メートルのオーダーで，山を構成する小さなくぼみ（谷頭）のサイズと同じ程度である（**図 4–1**）．表層崩壊は，森林伐採などによりその発生率が高まることが知られているが，基本的にはどのような森林でも発生する自然現象である．豪雨時には，しばしば表層崩壊は各地で同時多発的に発生し，その結果水を多く含んだ崩土は流動化し，谷を流れ下る．これを土石流という．

また，表層崩壊の特徴として，ある一定の土層の厚さになると崩壊を繰り返すという周期性がある．ただこの周期はきわめて長いことが知られている．下川（1991）によると，植生指標から推定した九州山地紫尾山花崗岩山地においては，200 ～ 300 年，屋久島花崗岩山地においては，1000 年程度であるとしている．ま

図 4–9　表層崩壊　1961 年災害（伊那谷）

た，土石流堆積物から推定した崩壊周期は，中古生層堆積岩からなる北上山地において，1000 年以上であるという（吉永・西城，1989）.

4–2–3　深層崩壊

これに対し，深層崩壊は，山地斜面が岩盤まで含んで崩れる現象をいう．このような崩壊が発生する原因として，地中水が岩盤まで降下浸透する地質条件が重要となる．**図 4–10** は，1965 年に発生した徳山白谷大崩壊の写真である．この崩壊は，1965 年に記録的豪雨によって発生した．深層崩壊は，基盤岩中に浸透した水が山体内での地下水位を引き上げた結果として，地盤が不安定になって発生するといわれている．そのため，地下水が岩盤を経由して流出している地域においてその発生が認められる．

一般に，深層崩壊は，降雨から遅れて大規模な崩壊が発生することが多いため，大きな災害になりやすい．深層崩壊が起こりやすい地域の特徴は，通常の水循環において岩盤経由の水循環が主となっている地域に多いことがわかってきてい

図 4–10　深層崩壊（徳山白谷大崩壊）

る．それらの地域においては，通常時の水流出率が，流域面積とあまり関係ない，局所的に大きな湧水があるなどの特徴があることがわかってきている（Onda, 1994）．また，岩盤湧水が主である地域の降雨流出波形は，降雨から遅れるピークをもつことが多く（恩田・小松，2001），渇水期には水がかれるなどの特徴がある（加藤ほか，2000）．いずれにせよ，降雨に伴う地中水の挙動の解明と深層崩壊の発生とは表裏一体の関係であるために，地中水の挙動の解明が深層崩壊発生メカニズム解明にはきわめて重要である．

4–3　まとめ

塚本（1998）は，斜面流のタイプと卓越侵食タイプについて，**図 4–11** のようにまとめた．降雨強度が浸透能を上回る場合には，ホートン地表流が発生して，インターリル侵食，リル侵食，ガリ侵食などの表面侵食が卓越する．これに対し，浸透能が降雨強度に対し十分大きい一般の森林においては，降水は地中に浸透する．このさい，基盤岩の浸透性が低い場合には，豪雨時には表層崩壊が卓越し，表層崩壊とそれによる土石流により谷が侵食される．これに対し，基盤岩の透水

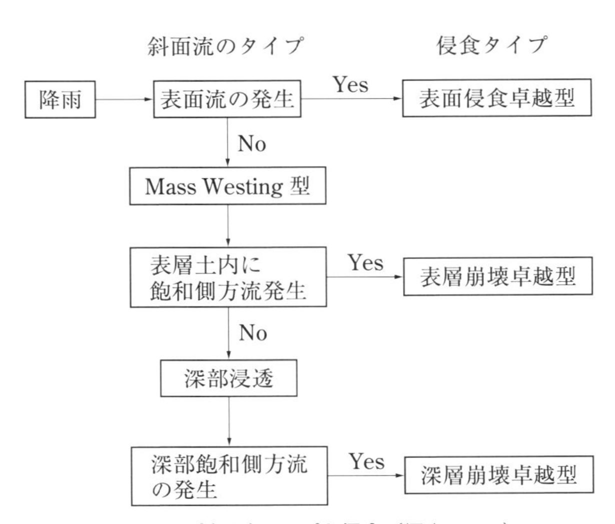

図 4–11　斜面流タイプと侵食（塚本，1998）

性が高い場合には，水は岩盤まで浸透し，非常にまれではあるが，深層崩壊が発生する．

このように，地表面の浸透能によって，水・土砂流出は大きく異なる．森林は，高い浸透能をもち，それにより表面侵食を抑制することによって，豊かな森林土壌，生態系を生み出している．しかしながら，伐採，人工林の荒廃やはげ山化を引き起こすことによりこれらの生態系は容易に破壊されることを理解し，高い浸透能を維持できるよう管理することが肝要であろう．

（恩田裕一）

第5章　森林の土壌

5–1　日本の土壌生成因子の特徴

土壌とは，地殻の表層において，岩石（母材）・気候・生物・地形・時間・人為といった土壌生成因子の総合的な相互作用によって生成する岩石圏の変化生成物であり，多少とも腐植・水・空気・生きている生物を含み，かつ肥沃度をもった，独立の有機－無機自然体として定義される（大羽・永塚，1988）．この歴史的自然体としての土壌を土壌体という．土壌体を特徴づける一番のものが土壌断面形態である．土壌に1mほどの穴を掘り，出てきた断面のことを土壌断面といい，断面内の層を土壌層位という．土壌層位には，**図5–1**のような層がある．この土壌層の色や移り変わり，硬さ，根のはりぐあい，土壌の集合体（ペッド）の形（土壌構造）などで土壌断面形態が特徴づけされる．上記の土壌生成因子の違いが土壌断面形態の違いとなって現れ，土壌断面形態の違いが土壌の分類の基礎となっている．土壌断面を詳しく観察することで，その場所の土壌がどのようにしてできてきたのか（生成），また，どのような土壌であるのか（分類）が理解できるのである．

上記の土壌生成因子を特徴づけすることで，日本の土壌生成の環境を理解することができる．以下に日本の森林地帯の土壌生成因子をまとめた．

気候：湿潤気候で，亜熱帯から亜寒帯まで
生物（植生）：亜熱帯性常緑広葉樹林から亜寒帯ハイマツ林まで
地形：急峻な山地から平坦な低地まで，起伏に富んでいる
母材：さまざまな岩石の風化物が母材となっており，火山噴出物が多い
時間：生成年代が比較的若いものが多い
人為：植林地では植栽という人為的作用が働いている

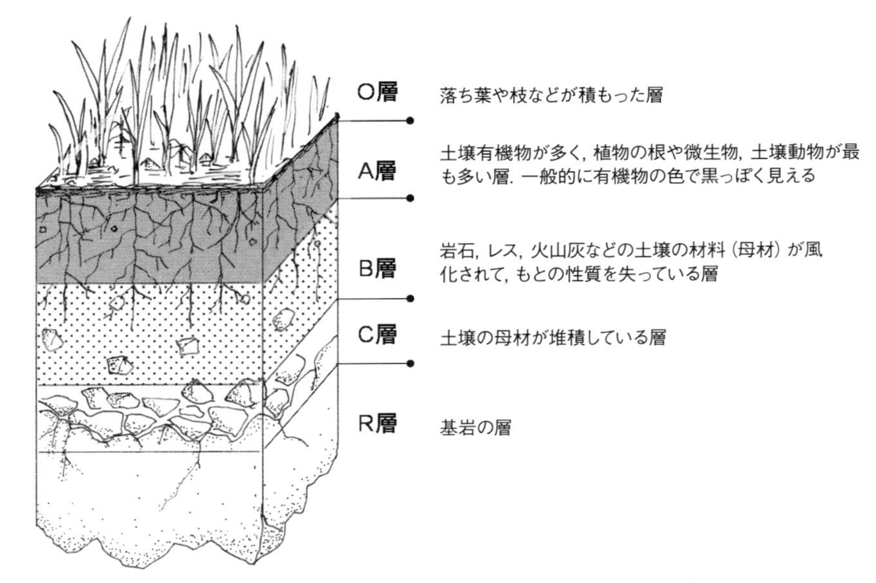

図 5–1　土壌断面形態と土壌層位（原図：浅野眞希氏）

日本は湿潤気候のため，降水量が多く，土壌中の塩類が降水によって，溶脱作用を受けて，地下水や河川へ流出してしまう．そこで，土壌が酸性になっている．気候は寒冷な亜寒帯あるいは亜高山帯から温暖な亜熱帯性気候であるため，その気候帯に対応して植生帯が分布していて，その植生帯と土壌帯が対応している．気候・植生帯に対応した土壌を成帯性土壌という．日本に分布している成帯性土壌を気候帯の寒冷な気候下に分布する土壌から説明しよう．

5–2　亜高山帯に分布する森林土壌

本州中部の 1500 m 以上の山岳地帯の亜高山帯や北海道北部の亜寒帯の常緑針葉樹林（**図 5–2**）の下には，ポドゾル，あるいはポドゾル性土といわれる土壌が分布している（**図 5–3**）．亜高山帯針葉樹林の林床には，寒冷な気候のため分解があまり進まない落葉，落枝あるいはコケ類（蘚苔類）の遺体などが厚く堆積している．この厚い O 層からは有機酸のような低分子の酸性物質が生産され，降水とともに，下方へ移動する．そのさい，土壌中の有機物やカルシウムやマグネ

図 5–2　埼玉県十文字峠のコメツガが優占している亜高山帯常緑針葉樹林

図 5–3　十文字峠のポドゾル性土（口絵 D–1）

シウムなどの塩類，さらにアルミニウム，鉄などの金属類も溶かし出して，下方にいっしょに移動させ，土壌の下層に集積させる．その作用をポドゾル化作用といい，ポドゾル化作用を受け，溶脱層（E 層）と集積層（Bh 層，Bs 層）が現れる土壌をポドゾル性土という．

このポドゾル性土の土壌 E 層の pH（H_2O）は，3.8 と非常に低い．塩基飽和度も 10％以下となっていて，養分が溶脱していることがわかる．そのため，この E 層には養分を吸収するための細根はほとんどなく，その下にある集積層に多くの根が分布している．

また，この亜高山帯針葉樹林の林床にササが密生していると E 層に腐植が集積するため，黒色の A 層が生成する．このようなポドゾル性土を湿性腐植質ポドゾル性土あるいは多腐植質ポドゾル性土とよんでいる．

5–3 冷温帯に分布する森林土壌

ブナ林などの冷温帯落葉広葉樹林（**図 5–4**）の下には，褐色森林土という土壌が分布している（**図 5–5**）．この褐色森林土は日本の土壌の 50％以上を占めているため，日本を代表する土壌が褐色森林土ということができる．土壌断面は，ポドゾル性土ほど厚い O 層はなく，A 層は黒色から暗褐色で，下層にいくにつれ

図 5–4　白神山地ブナ林

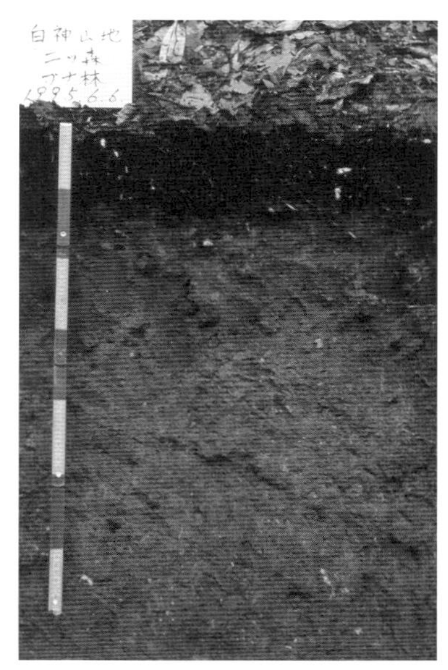

図 5–5　白神山地ブナ林下の褐色森林土
（口絵 D–2）

て土色が明るくなり，B 層は褐色になっている．層と層の境目がはっきりしないのが特徴となっている．アルミニウムや鉄の移動集積もみられないため，断面内に一様に分布している．

褐色森林土の水分状況は，山頂から谷筋の斜面下部にかけて変化する．山頂や尾根斜面上部では，土壌は比較的乾燥しているが谷筋下部にいくにつれて湿潤になっていく．この水分状況の違いによって，日本の林野土壌分類においては，Ba 型（乾性），Bb 型（乾性），Bc 型（弱乾性），Bd 型（適潤性），Be 型（弱湿性），Bf 型（湿性）と細分化される．

5–4　暖温帯に分布する森林土壌

西日本の暖温帯気候のもとでは，照葉樹林とよばれる常緑広葉樹が優占している林がみられる（**図 5–6**）．この照葉樹林下には，黄褐色森林土という土壌が分布している（**図 5–7**）．褐色森林土よりも O 層や A 層が薄く，A 層中の有機物含

図 5–6　埼玉県越生町スダジイ林

図 5–7　スダジイ林下の黄褐色森林土（口絵 D–3）

量も少ない．また，B 層の土色が褐色森林土よりも淡く，黄褐色あるいは明褐色になっている．土壌の性質は褐色森林土と似ているが，土壌の粘土鉱物中の鉄の形態が異なっている．B 層の土色が褐色なのは，おもに鉄の色によって決まる．粘土鉱物や一次鉱物（岩石の造岩鉱物）から鉄イオンが遊離して，酸素や水と結合して加水酸化鉄となり，土壌断面が着色されるのである．この褐色になる作用を褐色化作用といい，主要な土壌生成作用の一つである．湿潤温帯気候下では，遊離鉄によって褐色の非晶質酸化鉄が生じ，乾燥と湿潤の繰り返しにより，徐々に結晶質のゲータイトに変化していく．気候が温暖であればあるほど，この結晶化が進行していく．

5–5 亜熱帯に分布する森林土壌

日本の南西諸島には，スダジイ，イスノキ，タイミンタチバナなどの亜熱帯性の常緑樹が優占している亜熱帯性常緑広葉樹林が広がっている（**図 5–8**）．林冠

図 5–8　沖縄本島北部のスダジイ林

図 5–9　沖縄本島北部の赤黄色土（口絵 D–4）

図 5–10　沖縄本島北部の赤色土流出

がうっ閉しているため，林床は暗く，林床植物もまばらになっている．

この林の下には赤黄色土が分布している（**図 5–9**）．気温が高く，リターがすぐに分解するため，赤黄色土の O 層は非常に薄い．B 層の土色は，加水酸化鉄が部分的に脱水して赤色化が進行しているため，黄色から赤色になっている．土壌の風化も進んでいるため，粘土含量が多く，重埴土となっている．沖縄本島北部には，国頭マージとよばれている赤色土が分布しているが，森林を無計画に伐採すると赤色土の侵食が進み（**図 5–10**），侵食された土壌がサンゴ礁を汚染する問題が発生している．

以上，ポドゾル性土から赤黄色土までが日本に分布する成帯性土壌である．

次に，気候・植生以外の生成因子に影響を受けた土壌をみてみる．

5–6　低湿地に分布する森林土壌

日本の低地にはハンノキやヤナギ類，ハルニレなどが優占する低湿地林が分布している（**図 5–11**）．この低地林の下には，低地に分布する水の影響を受けた土壌が分布している．地下水位の出現深度によって，土壌は褐色低地土，灰色低地土，グライ土に分類される（農耕地土壌分類第 3 次改訂版）．茨城県小貝川の河川敷には，人為的攪乱を受けていない自然土壌がみられ（**図 5–12**），レッドデータ土壌にリストアップされている．この灰色低地土は，河川の沖積物質からなり，

図 5–11　小貝川河川敷の河畔林

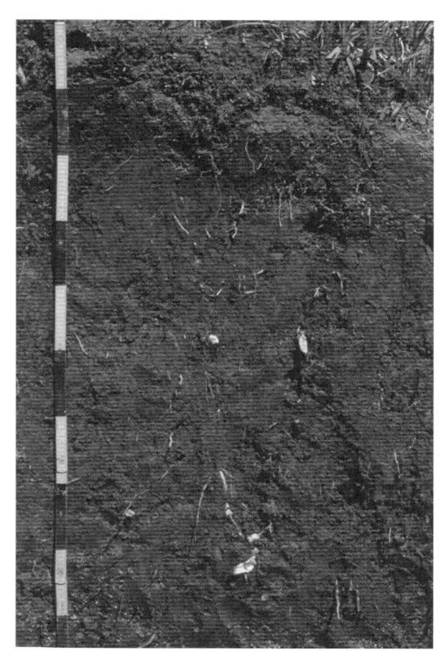

図 5–12　小貝川河川敷の河畔林下の
灰色低地土（口絵 D–5）

地下水の影響を受け，B 層土壌が灰色ないし，灰褐色になっている．ところどころに，鉄の斑紋がみられる．

5–7 火山灰を母材とした森林土壌

日本は火山国のため，日本全土に広域に火山噴出物が降り積もっている．火山灰を母材とした土壌（以下，火山灰土壌）は，火山灰土壌特有の性質を示す．火山灰土壌中には遊離のアルミニウムが豊富に含まれていて，リン酸を特異的に吸着する．そのため，火山灰土壌では，畑作物ではリンの欠乏に陥りやすい．森林下の火山灰土壌の土壌断面は，褐色森林土と同様の断面形態を示す（**図 5–13**）．ただ，土壌の性質が火山灰土壌の代表土壌である黒ぼく土（黒色土）と類似しているため，最近の分類（統一的土壌分類体系第二次案）では褐色黒ぼく土に分類される．

図 5–13　奥秩父ブナ林下の火山灰を母材とした褐色森林土
（口絵 D–6）

5-8 まとめ

以上のように，土壌生成因子の組み合わせの仕方によって，特徴的な土壌が生成される．いずれの土壌も成熟するまでにかなりの年月を必要とする．第3章で詳しく述べられた三宅島の植生遷移の進行に伴い，土壌はどのように発達していったのかを概説すると以下のようになる（**図5–14**）．噴火後の経過年代が若く，草本群落しかみられないスコリア丘上では，かろうじて土壌A層がわずかに発達するだけで，O層やB層の発達がみられない．土壌は，まだ未熟土のままである．1000年以上経過したタブノキ林になって，ようやく，B層が発達し，褐色森林土になっていくのである（**図5–15**，**図5–16**）．

このように，極相林になったとしても，土壌はようやく褐色森林土になったばかりで，植生の遷移速度に比べて，土壌の生成には非常に時間を要することが理解されよう．

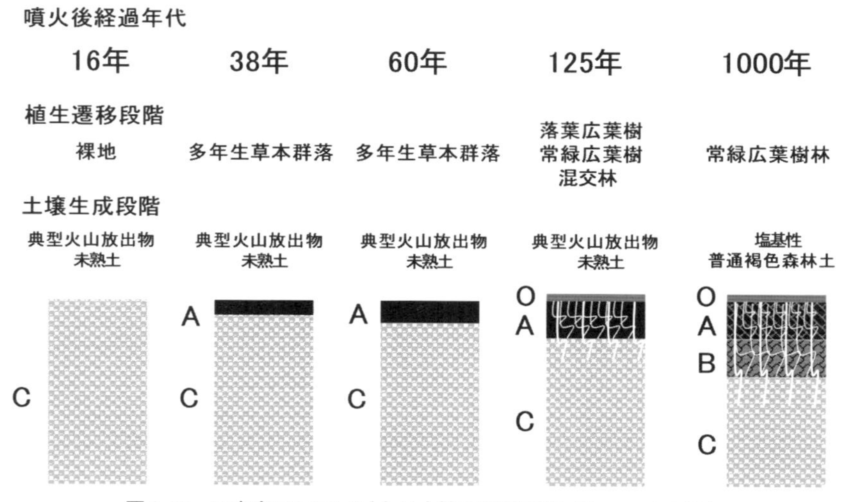

図5–14　三宅島スコリア丘上の土壌の発達過程（Kato et al., 2005）

図 5–15　三宅島スコリア丘上のタブノキ林

図 5–16　三宅島スコリア丘上のタブノキ林下の褐色森林土（口絵 D–7）

（田村憲司）

第6章　DNAからみた森林

6–1　はじめに

樹木も他の生物同様にDNAをもっており，このDNAが樹木の形態や形質を決めている．またこのDNAは突然変異を起こし代々受け継がれていき，樹木は長い時間をかけて進化してきている．この進化の過程で種分化を起こし，樹木はさまざまな環境に適応してきている．本章では近年DNAを用いた研究で明らかになった森林の実態を紹介する．

6–2　樹木の遺伝および進化

樹木の核DNAは他の生物同様に両親から遺伝し，細胞質に存在する葉緑体DNAおよびミトコンドリアDNAとからなるいわゆるオルガネラDNAは，一般的に母性遺伝であるが，針葉樹は分類群ごとにその遺伝性が異なる特徴がある（**表6–1**）．針葉樹では葉緑体DNAは父性遺伝する．ミトコンドリアDNAはスギ科，ヒノキ科では父性遺伝することが知られている．このユニークな遺伝性の発

表6–1　植物ゲノムの特徴と情報

ゲノム	ゲノムサイズ[1]	遺伝子の突然変異率[2]	遺伝様式[3]	ゲノムの特徴
葉緑体ゲノム	$1.2-1.7\times10^5$	$1.0-3.0\times10^{-9}$	母性遺伝（被子植物） 父性遺伝（裸子植物）	ゲノム構造の保存性が高い
ミトコンドリアゲノム	$2.0-20\times10^5$	$0.2-1.0\times10^{-9}$	母性遺伝	構造変異を起こしやすい
			父性遺伝（マツ科以外の針葉樹）	
核ゲノム	10^7-10^{10}	$5.0-30.0\times10^{-9}$	両性遺伝	ゲノムサイズが大きく，組み換えが多い

[1] 高等植物，[2] 平均同義置換（Wolfe et al., 1987），[3] Mogensen（1996）

見は筑波大学の大庭喜八郎名誉教授によってなされたもので，スギの色素体の遺伝が父性である報告を1971年に行っている（Ohba et al., 1971）．その後，1989年に同じスギ科のレッドウッドを材料としたDNAでも証明された（Neale et al., 1989）．このようにわが国を代表する針葉樹のスギとヒノキは葉緑体DNAもミトコンドリアDNAも父親由来となり，父親の影響が強い樹種である．

DNAの塩基配列データを用いると，樹木がいつ頃この世に出現しどのような進化の過程をたどってきたかをおおよそ推定することができる．植物ではこのような系統進化の研究が葉緑体DNAを用いて行われている．例えば，スギはスギ科スギ属の樹種であるが，最近の分子系統の結果ではスギ科とヒノキ科の樹種は入れ子状になり，二つの科に明瞭に分かれないことが明らかになった（**図6–1**）．そのため広義の意味では，スギは，ヒノキ科スギ属の樹種となる（Kusumi et al., 2000）．なぜなら分類学上，最初に命名されたヒノキ科に優先権があるためであ

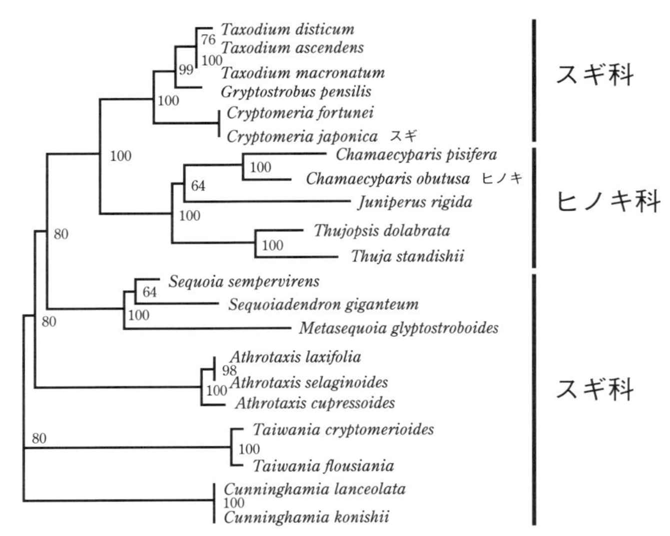

図6–1　スギ科およびヒノキ科樹種の分子系統樹（Kusumi et al., 2000より改変）

葉緑体DNAの塩基配列ではスギ科とヒノキ科は同じ仲間となる．系統樹上の数字はブートストラップ値を示し，分岐の信頼性を表し，1～100の値をとり，100が最も信頼性が高いことを示す．

る．現在ではこのようにDNAを用いた植物種の再分類が行われている（The Angiosperm Phylogeny Group, 2003）．

6–3 遺伝子が語る森林の歴史的変遷

同じ樹種でも，広い天然分布範囲をもつものや，稀少的になり一部の地域にしか分布していないものもある．これらの森林も過去から同じ所に分布していたのではなく，長期的な気候の変化に対応して分布範囲を変えてきている．地球は過去30万年の間に3回の氷期を経験し，最終氷期は約1万8000年前であった．これら氷期の間には，植物は温暖な地域に逃避していたと考えられている．これは花粉分析法と炭素年代測定法を組み合わせた方法である程度明らかにされている．花粉分析法とは，過去の地層の中にある化石花粉の種類やそれらの量を調べることにより，大まかにどのような植物がどの程度分布していたかを調査する方法である．花粉分析を行うためには，古い花粉の断片から種識別を行う技術と多くの経験が必要で，しかも自動化が難しいため，多くの地点での調査は，なかなか進まないのが現状である．

一方，現在の森林は過去の森林から遺伝子を受け継いで成り立っている．そのため，現在の森林がもっているDNAにその歴史が刻まれている．森林のDNAを調べることにより，その森林が過去に経験した森林の大きさや分布の変遷が明らかにできる可能性がある．このよい例として，わが国を代表する樹種であるブナとスギをみてみよう．ブナは，北は北海道渡島半島から南は鹿児島県高隈山までの冷温帯域に分布している．これら全国の天然集団を調査した結果，現在，大きな森林を形成している東日本集団よりも西日本集団の方が遺伝的多様性が高かった（**図6–2**，Tomaru et al., 1997）．一般的にその起原となった集団が，派生した集団（あとで形成された集団）よりも遺伝的多様性が高い傾向にある．また森林の大きさが極端に縮小した場合は，遺伝的多様性が減少することが知られている．これらのことから考えると，少なくとも最終氷期にはブナの分布の中心は西日本に存在し，そのブナ林もそれぞれの地域に隔離分布していたことになる．最終氷期後に隔離分布していたブナは北方へ分布を拡大し現在のブナ林が形成された．花粉分析の結果では，ブナが青森県まで到達した時期には，すでに津軽海峡が形成されていたことになるが，実際にはもう少し早い時期にブナは北海道に

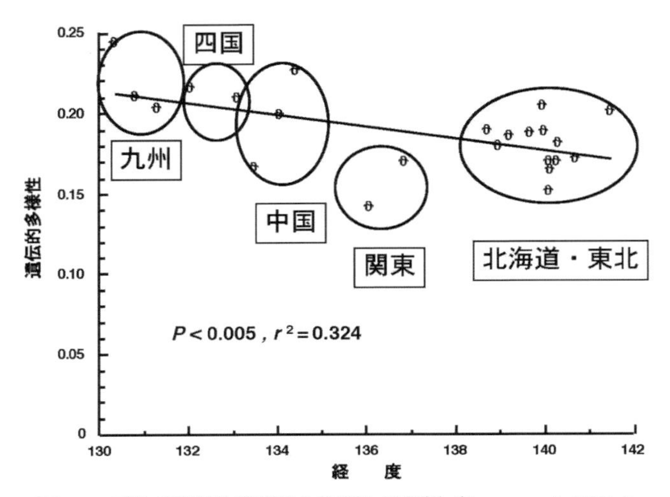

図 6–2　ブナの遺伝的多様性と経度との関係（Tomaru et al., 1997 より改変）

西日本の集団ほど遺伝的多様性が高い．関東地方などの孤立集団は遺伝的多様性が低い．

たどり着いていた可能性が高い．なぜなら北海道と青森のブナの遺伝的多様性にはほとんど差がなく，遺伝的にも類似しているためである（Takahashi et al., 1994）．また現在，筑波山をはじめ関東の山々点在しているブナ林は，遺伝的多様性が低いことから過去に集団サイズが縮小したことが考えられる（**図 6–2**）．

スギの天然分布は，北は青森県西津軽郡鰺ヶ沢から南は鹿児島県屋久島までである．現在ではほとんどのスギ天然林は大規模な伐採のために山奥に点在しているにすぎない（**図 6–3**，**図 6–4**）．これらのスギ天然林を調査した結果，遺伝的多様性はやはり西日本の集団が高く，最終氷期に逃避地であったと考えられる伊豆半島，隠岐島，若狭湾周辺（芦生），屋久島で特に高い傾向がみられた（**図 6–5**, Takahashi et al., 2005）．これらの逃避地に逃げていたスギが，暖かくなった氷期後に分布を北方に拡大し青森県まで行き着き，現在の森林を形成したと考えられる．またブナもスギも同様であるが，両種とも中部山岳の高地は越えることができなかったため，太平洋側と日本海側の二つのルートで北方へ分布拡大をしたと思われる．なぜなら両種とも太平洋側と日本海側の集団間に明らかな分化がみられるためである．スギでは分類上は太平洋側にオモテスギ（*Cryptomeria japonica*

図 6–3　秋田県阿仁スギ天然林（口絵 E–1）

図 6–4　屋久島花ノ江河スギ天然林（口絵 E–2）

var. *japonica*）が分布し，日本海側にウラスギ（*C. japonica* var. *radicans*）が分布するといわれてきたが，DNA の結果もこれを支持する結果が得られている（Tsumura et al., 2007）．ブナではこのような変種レベルの名前はないが，遺伝的にはオモテブナとウラブナに分化している．

このように現在の森林の DNA を調査することにより，その種が経験した分布や集団サイズの変遷がわかる場合がある．

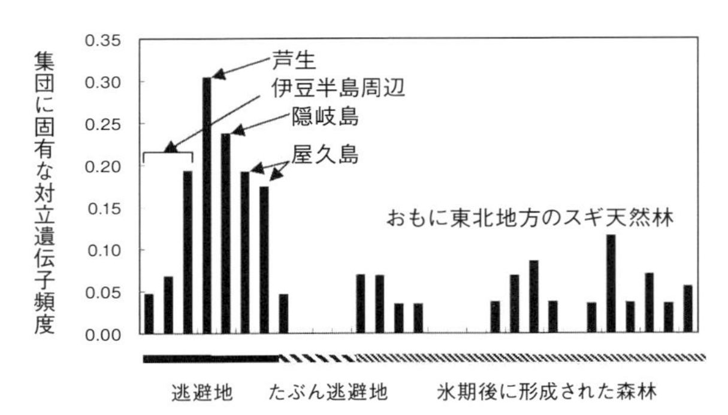

図 6–5　全国の残存するスギ天然林の固有な対立遺伝子頻度
（Takahashi et al., 2005 から作成）
最終氷期（約 1 万 8000 年前）にスギの逃避地であった森林が現在でも遺伝的多様性が高い.

6–4　DNA でわかる親子判定

ヒトの場合も犯罪捜査や中国残留孤児の肉親探しなどに DNA が利用されている（福島，2003）．これは DNA 鑑定とよばれゲノム上に散在する（CT)n, (CA)n などの同じ塩基が繰り返し現れる部分（単純繰り返し配列，マイクロサテライトとよばれる）を DNA マーカーとして個々を識別する方法である．個体によってこの部分の繰り返し数が異なっている場合が高いため，このような場所を数カ所用いることによって個体間の近縁関係を確率的に示すことができる．

近年，樹木でも花粉や種子の動きを調査するためや森林内の樹木の血縁関係などを調査する目的で，この DNA 鑑定が盛んに行われている．ここでは，花粉がどのように飛散しているかの例として熱帯でのフタバガキ科樹木を，種子がどのくらいの距離に散布されているかの例として屋久島の天然スギを用いて説明しよう．

フタバガキ科は東南アジアの熱帯林を代表する樹木で，高木層の約 6 割以上を占めており生態的にも林業的にも最も重要な樹木群である（Whitmore, 1984)．近年，大規模な伐採が行われたため低地のフタバガキ林は極端に減少している．この伐採は択伐方式で行われ，それぞれの国で一定の基準で択伐が行われている．しかしながらこの基準は遺伝的多様性や種のもつ交配様式などを考慮したものではない．そのためフタバガキ林の持続的な利用のためには，遺伝的にも劣化しない森林を維持していく必要がある．一般的にはフタバガキ科樹種は他殖を好む樹種である．いったん遺伝的に劣化した森林では近縁個体同士での交配が頻繁に起るようになり，近交弱勢が現れてきて結実した種子が発芽できなかったり，発芽できても成長が極端に悪かったりする（Naito et al., 2005, 2008）．これを避けるためには林内に適切な母樹密度を維持する必要がある．適切な個体密度は，林内の花粉と種子の有効な散布範囲を把握することにより推定できる．マイクロサテライトマーカーは，花粉と種子の動きを調べるためには最も適切な DNA マーカーである．

フタバガキ科の一種であるマレーシアの丘陵地に生育するセラヤ（*Shorea curtisii*, **図 6–6**）の天然林と択伐林では交配様式（他殖か自殖か）をマイクロサテライトマーカーを用いて調査した結果，天然林では平均 96.3％の他殖率であったが，択伐林では平均 52.2％の他殖率しかなかった（Obayashi et al., 2002）．この違いは母樹の平均個体密度が天然林で 27.6 母樹/ha で，択伐林では 4.3 母樹/ha であることに起因していると考えられた．なぜならこの種のおもな花粉媒介者は飛翔能力のほとんどないアザミウマであるといわれているためで，個体密度が十分でない択伐林ではアザミウマが近隣の母樹に到達できずに結果として自殖

図 6–6　マレー半島丘陵地のセラヤ（*Shorea curtisii*）の母樹と種子

が増加したと考えられる．ほかのフタバガキ科の樹種ではどうであろう．低地のフタバガキ林でよくみられる *Shorea leprosula* について調査したところ，母樹密度と他殖率には関係があり，低密度ほど自殖率が高くなる傾向があることが明らかになっている（Fukue et al., 2007）．このように適切な母樹密度が高い他殖率を維持しており，これにより遺伝的多様性も維持されていると考えられる．この結果から択伐の強度が増すと，自殖率が増えることになる．樹木は一般的に他殖性を好む種であり，自殖や近親交配でできた種子は，発芽しなかったり，生育が極端に悪くなる．この現象を近交弱勢といい，他殖性の種にとっては集団の存続にかかわる．そのため伐り過ぎると森林が衰退していくことにつながり，木材生産が将来的にはできなくなってしまう．しかし，択伐の強度はそれぞれの国の経済状況との関係を抜きには考えられないため，伐採した材のおもな輸入国であるわが国が何らかの支援を行っていかなければならない．

世界自然遺産に登録された屋久島は，多くの観光客が訪れるようになっている．そのほとんどの人が縄文杉などのヤクスギの巨木をみている．これらのスギの天然林はどのようにして維持されているのであろうか．この屋久島のスギ天然林でも江戸時代以降にほとんどの林が択伐を経験している（**図 6–7**）．現在では択伐後でも良好な状態の天然林が維持されている．スギの種子はどのくらいの距離まで散布されるのか，また遺伝的に近縁な個体はどの程度の距離まで存在する

図 6–7　屋久島の江戸時代のスギの伐根（口絵 E–3）

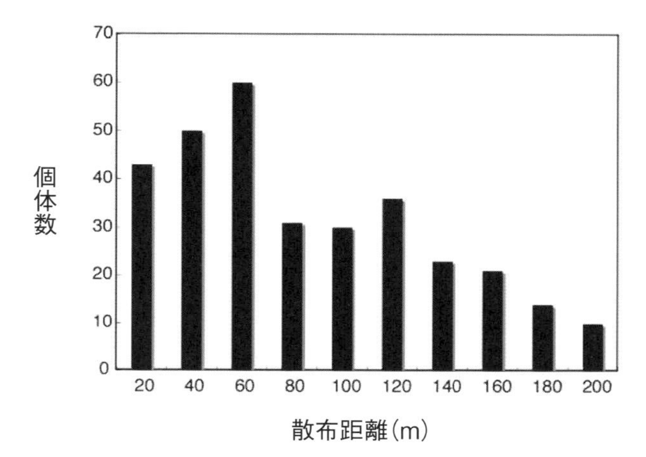

図 6–8　DNA の調査で明らかになった屋久島の固定試験地（4 ha）でのスギの種子散布距離（Takahashi et al., 2008 より改変）

かを，マイクロサテライトマーカーを使って調べてみた．その結果，スギの種子散布距離は母樹から 60 m ほどのところにピークがあり，200 m 以上の距離に散布されるものもあることが明らかになった（**図 6–8**，Takahashi et al., 2008）．またその結果から想像がつくように，母樹から 60 m 範囲までは遺伝的に近縁な個体が集まっているが，それ以上になると血縁関係のない個体がほとんどとなる．しかし花粉はかなり広範囲からきており，父性遺伝する葉緑体 DNA マーカーでこの森林の空間遺伝構造（近くに近縁個体がいるかどうか）をみてみると，近くに近縁な個体がほとんどいないことが明らかになった．これは花粉がかなり広範囲に飛散していることを示している．

このように多型性の高い DNA マーカーを用いることにより個体間の遺伝的関係が明らかにできる．このマーカーは林産物のトレーサビリティー（追跡可能性）にも使用できるため，産物や製品の合法性や安全性を調査するうえでも重要なマーカーとして今後の活用が期待される．

6–5 DNAからみた適地適木

適地適木という言葉がある．これは土地が痩せていて比較的乾きやすい尾根筋にはアカマツ，谷筋の水分が多くて比較的肥沃な土地にはスギを植えるといった考え方で，おもに樹種特性の違いによって植林場所を選定しようというものである．しかし同じ種内でも遺伝的多様性があり，広域な分布範囲をもつ種は多様な環境に適応しているものもある．この場合，種内の個体同士でも特定の環境に適応しているものと，そうでないものが存在していることになる．例えばブナやスギは日本海側と太平洋側の両方に分布しており，これらは遺伝的に分化していることがわかっている．特に冬の日本海側は多雪で湿度が高い状態であるが，太平洋側は非常に乾いた状態が続く．この異なった環境に長い間さらされると，その環境にあった遺伝子型の個体が生き残ることになる．その場合，特定の遺伝子座の特定の遺伝子型個体をもつものが特定の環境に適応しているならば，DNAを目印に環境にあった個体を選抜することも可能になる．これは林業を行うさいにも重要な指標となるであろう．DNAからみた適地適木は存在する．

スギでは，ウラスギとオモテスギを分ける候補遺伝子が四つほど見つかっている（Tsumura et al., 2007）．これらは林業上も天然林の保全上も重要で，DNAで環境にあった個体の選抜や保全が可能であることを示している．今後，このような研究が進めば，さらにさまざまな樹種でDNAによる保全指針の策定や植林に用いる種苗の選定が容易に行えるようになるであろう．

（津村義彦）

第7章 森林の病気

7–1 はじめに

森林の主要な構成要素である樹木にも，圃場で栽培されている作物や野菜のようにさまざまな病気が発生する．多くの場合，その被害は局地的なものであり，病気の発生自体に気づかれない場合さえある．しかし，一方で，日本各地で被害を及ぼす病害や，北アメリカとヨーロッパの二つの大陸に被害が拡大した重要病害が発生したこともある．森林樹木に発生する病気は，作物や野菜の病気と共通する点もあるが，森林樹木特有の現象も存在する．本章では，森林樹木の病気の特徴，それを引き起こす病原菌の特徴について解説するとともに，大陸を越え世界各地で劇的な被害を引き起こした重要病害を紹介し，その発生の原因を考察する．また，森林樹木の病気が果たしている森林生態系の中での重要な役割についても紹介する．

7–2 森林樹木の病気

植物の病気とは一体どのようなものだろうか？ 「病気とは絶え間ない刺激により植物の生理的機能が乱されている過程である．」(Horsfall and Dimond, 1959)と定義されている．大きな枝や幹が折られれば致命的なダメージとなる場合もあるが，一時的な刺激によるダメージは「傷害」と呼ばれ，「病気」とは区別される．人間の病気であれば，発熱，頭痛，腹痛，腫れ，湿疹等々さまざまな生理的変調や外部的な変化を自分自身でも感じとり，それを医師に訴えることができ，診断のための重要な情報とすることができる．しかし，植物の場合は自ら症状を訴えてくれないため，我々は，植物に現れる「病徴」や「標徴」といった生理的異常を見つけ診断することになる．植物が病気になったことを示すサインを病徴，その病気を引き起こした病原体自体が現れているものを標徴とよぶ．樹木の病気の病徴，標徴には，草本植物の病気と共通するものもある．例えば，葉に形成された斑点（**図 7–1**（a））やうどんこ病の標徴（**図 7–1**（b））はその例である．一方，樹木特有の病徴，標徴もある．例えば，樹木には材部があり，木質の枝や幹が存在するため，瘤（**図 7–1**（c）），天狗巣（**図 7–1**（d）），枝枯れ，胴枯れ，腐朽（**図 7–1**（e）），といった特有の病徴が現れる．

また，（1）樹木は永年生である，（2）人為が加わりにくい自然環境下で生育している，という特徴があることから，樹木病害の防除を考えるうえでも，農作物の病気に対する対応とは異なる点がいくつかある．畑であれば，毎年植える作物を入れ替えることができるが，樹木は，その場所で何年もかけて育てなければならない．その間には例外的な厳しい気象条件にさらされることもあり，それにも耐えられなければならない．また，霜や雪などに対する対策や，病気や害虫の発生に対する対応も，畑のように必要に応じて霜よけやマルチをしたり，農薬散布，施肥といった細やかな処理をすることはきわめて困難である．一度病気が発生した場合，その拡大を食い止められず大被害につながることもある．したがって，人工造林をする場合，その樹種に適した環境を選んで植林することがきわめて重

図 7–1　樹木の病気のさまざまな病徴（口絵 F–1）
（a）カネメモチごま色斑点病，（b）トウカエデうどんこ病，
（c）マツこぶ病，（d）サクラ天狗巣病，（e）トドマツ溝腐病

要になる．その選択が正しかったかどうかの結果をみるまでに長い時間がかかり，その結果を次の事業にすぐには生かせないことがあるが，その情報を蓄積し利用していくことが重要である．また，近年問題となっている地球温暖化等の環境の変化により森林は大きな影響を受け，新たな森林樹木病害の発生，発病地域の拡大または移動が起こることが予想されている．

7–3 病気の原因（病原）

病気の原因は，大きく分けて生物的要因と非生物的要因の二つに分けられる．生物的要因としては，菌類，細菌類，ウイルス，ファイトプラズマ，線虫類，寄生植物などが挙げられる．植物の病気の原因としては，菌類による病気が最も多い．非生物的要因としては，低温，高温，乾燥に関わる気象条件や大気汚染物質などが挙げられる．

病原がそこに存在していても，必ずしも病気が発生するとは限らない．三つの要因，すなわちその病原が病気を起こす能力（主因），その植物の病気にかかりやすさ（素因），それを取り囲む環境（誘因）が病原に適し，植物の病原に対する抵抗力を低下させるような条件がそろったときに，初めて病気が発病する．そのうちのどれが欠けても病気は発病しない．いいかえれば，この三つの要因のうち一つでも取り除けば病気は発病しない．病気の防除を考えるさいに，例えば畑作物の病気の場合，農薬等を用いて病原（主因）を取り除くことが考えられるが，森林病害の場合前述のように困難である．また，樹木（素因）の抵抗性系統を選抜し利用することも多くの場合困難である．もちろん森林を取り囲む自然環境（誘因）をあとからコントロールすることはほとんど不可能である．したがって，森林樹木の病害防除を考えるうえで，その樹木にとって適切な場所にはじめから植林することが非常に重要である．

植物の病原菌として菌類が最も一般的であることはすでに述べたが，その菌類がどのように栄養を摂取しているか調べてみると，菌類の種類によってさまざまであることがわかる．研究者によって区分の仕方は異なるが，例えば以下のような四つのカテゴリーに分けることができる．(1) 絶対寄生菌（obligate parasite）：生きている植物の細胞や組織からのみ栄養摂取することができ，死んだ植物体や組織から栄養をとることができない寄生菌．例えば，子嚢菌類のうどんこ病菌，担子菌類のさび病菌など特定な菌群に限られる．(2) 条件的腐生菌（facultative saprophyte）：通常生きている植物体に寄生して生活しているが，死んだ植物体や組織から栄養をとることもできる寄生菌．(3) 条件的寄生菌（facultative parasite）：通常死んだ植物体や組織から栄養をとる腐生生活を送っているが，植物体が老化したり弱ったりした場合などに生きている植物に寄生することができる菌類．(4) 腐生菌（saprophyte）：死んだ植物体や組織から栄養をとって生活しており，生きた植物に寄生することはできない菌類．

また，その菌類が寄生菌として生活しているときの栄養接種方法は，活物寄生（biotrophic）と殺生寄生（necrotrophic）の二通りに分けることができる．前者は，宿主植物の組織，細胞を生かしたまま栄養を摂取する寄生様式で，宿主植物に対して大きなダメージはないため，調和的寄生（balanced parasitism）とよばれることもある．一方，後者は，宿主植物の組織，細胞にダメージを与えたり，破壊して殺してしまい，そこから栄養を摂取する寄生様式で，破壊的寄生（destructive parasitism）とよばれることもある．条件的腐生菌や条件的寄生菌はこの寄生様式をとり，宿主特異的毒素，非特異的毒素や酵素を産生して植物組織にダメージを与え，局部的あるいは植物体全体を枯死させることもあり，被害としては大きくなる．それに対して，絶対寄生菌は，死んだ組織から栄養を摂取することができないため，この寄生様式はとらず活物寄生を行う．絶対寄生菌が寄生しても，すぐに宿主植物が枯死するようなことはなく，多くの場合被害はあまり大きくならない．絶対寄生菌は，一般に宿主範囲が狭く宿主特異性が発達しており，また，宿主植物に速やかに感染するための優れた機能を備えている．

7-4 世界的に流行した樹木の病気

森林樹木の病害は，一度大発生すると防除がきわめて困難であることはすでに述べたが，大陸を越えて被害が拡大し，世界的に大問題となった樹木の流行病がいくつかある．以下にその例を紹介する．

7-4-1 ストローブマツ発疹さび病

ストローブマツ発疹さび病（White pine blister rust）は，担子菌類のさび病菌の一種 *Cronartium ribicola* によって引き起こされる．この病原菌は，もともとアルプスの一部やロシアに分布し，ゴヨウマツ類に寄生して生活していた．この菌は，異種寄生性のさび菌で，生活環を完了するためにゴヨウマツ類とはまったく異なる種類の宿主植物，スグリ属植物を中間宿主として必要とする（**図 7–2**）．ヨーロッパにはスグリ属植物も存在するため，生活環を全うすることができる．さび菌は，絶対寄生菌であり，生きている宿主植物の細胞や組織からのみ栄養摂取可能なため，自分が寄生して利用している宿主植物に致命的なダメージを与えず，感染してすぐに宿主を枯死させてしまうことはない．少なくとも長い間共進化を遂げてきた寄生菌と宿主植物であれば，ある程度バランスが取れた関係が確立されていると考えられる．ヨーロッパにもともと分布するゴヨウマツ類はこの菌に対してある程度の抵抗性を獲得していたため，感染を受けても大きな被害となることはなかった．

ストローブマツは北アメリカ原産のゴヨウマツの一種で，もともと原産地ではストローブマツ上でさび病の発生はなかった．成長もよく形質も優れていたため，18 世紀初めには，アメリカからストローブマツの苗が輸入され，ヨーロッ

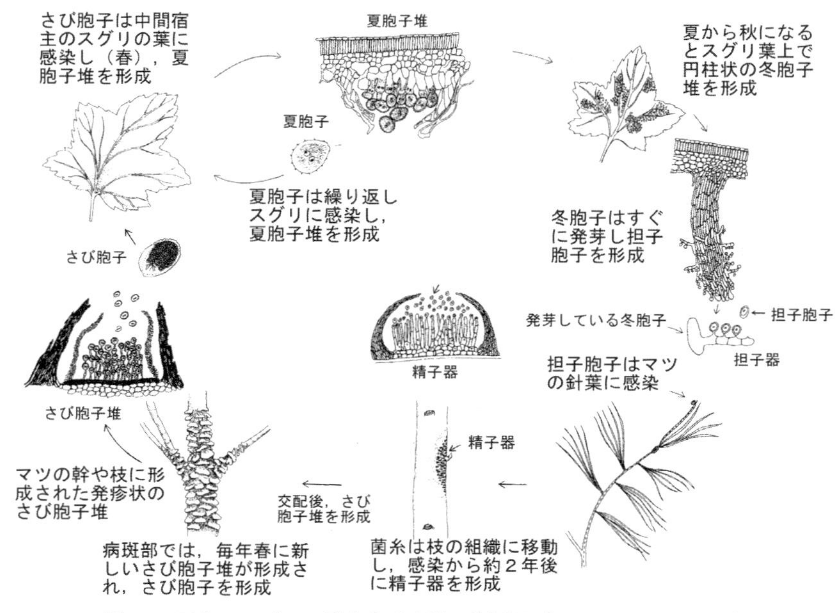

図 7–2　ストローブマツ発疹さび病菌の生活環（Agrios, 1997 より改変）

パ北部に広く植栽された．その後，造林地は徐々に拡大していき，このさび病がもともと発生していた地域にまで到達したとき，ついにストローブマツ上でも発疹さび病が発生した．ストローブマツはこのさび病菌に対する抵抗性がなかったため，ダメージの程度が激しく，非常に大きな被害がもたらされた．広域にわたって植林されていたこともあり，その被害の蔓延も速く，19 世紀の中頃から 20～30 年の間にヨーロッパ全土に被害が拡大し，その後ストローブマツの造林は断念された．

一方アメリカでは，開発が進むにつれ優良なストローブマツ林が減少してきたため，1900 年頃から大規模な造林が必要となってきた．当時アメリカでは大量の苗木を生産させる能力がなかったため，苗をヨーロッパから輸入した．この頃にはすでにヨーロッパのストローブマツ上で発疹さび病が発生していたため，1912 年に苗木の輸入が禁止されるまでに，感染した苗が大量に輸入され植林されたと考えられる．ストローブマツ上で発疹さび病が発生し，そこでさび胞子が形成されても，中間宿主であるスグリ属植物を経由しないとマツへの新たな感染は発生しない（**図 7–2**）．したがって，もしアメリカに中間宿主となるスグリ属植物が存在しなければ感染は輸入された苗木のみにとどまり，もともとアメリカで生育していた個体群には拡大しなかったはずなのだが，実際には，アメリカにも感受性のスグリ属植物が存在したため，このさび菌はヨーロッパ同様生活環を全うし，アメリカ大陸でもストローブマツに対し猛威をふるうことになった．

7–4–2　ニレ萎凋病

ニレは，ヨーロッパや北アメリカの東部では，最も親しまれている樹種で，庭園樹や街路樹として広く植栽されていた．1920 年代にオランダでニレ萎凋病（ニレ立枯病，Dutch elm disease）が初めて発生して以来，ヨーロッパ各地に被害が拡大した．1930 年には，被害は北アメリカに持ち込まれ，その被害は合衆国，カナダの東部に拡大し，1950 年頃までにヨーロッパ，北アメリカの両方で大きな被害が発生した．その後，被害の拡大は収まったかのようにみえたが，1960 年代後半になって再びヨーロッパ，北アメリカの両方で大きな被害が発生した．

この被害をもたらした病原菌は，子嚢菌類の *Ophiostoma ulmi*（当時は *Ceratocystis ulmi* とよばれていた）ならびに *O. novo-ulmi* である．これら菌の感染を受けたニレの木は大きな枝単位あるいは木全体の葉がしおれ，やがて枯死する．20

世紀初めにヨーロッパを中心に発生した被害は，*O. ulmi* によって引き起こされ，1960 年代後半からヨーロッパと北アメリカで発生した被害は，おもに *O. novo-ulmi* によって引き起こされた（**図 7–3**）．前者に比べ，後者は，病原性がきわめて強かったため，前者は *O. ulmi* の non-aggressive strain，後者は aggressive strain とよばれていたこともあるが，現在は別種として扱われている．*O. novo-ulmi* による被害は，ヨーロッパと北アメリカの両方で発生したが，それぞれの地域で性質の異なる系統がほぼ同時期に発生したと考えられている．それぞれを *O. novo-ulmi* の Euracian race（EAN），North American race（NAN）として区別されていたが，分子系統学的な検討結果から，現在は別々の亜種，*O. novo-ulmi*

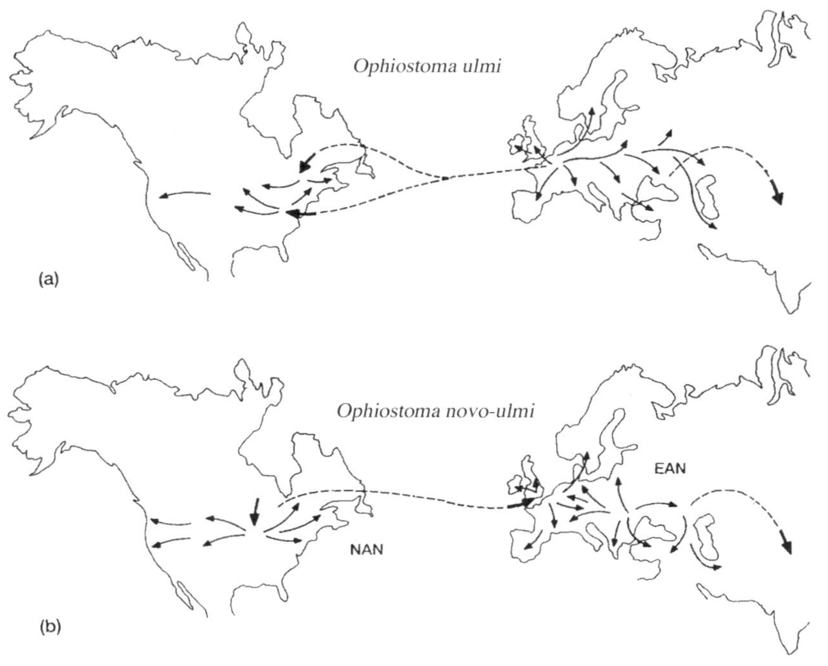

図 7–3　ニレの萎凋病菌 *Ophiostoma ulmi* と *O. novo-ulmi* の伝染経路（Brasier, 1990 より改変）

（a）*O. ulmi* は初めにヨーロッパで発生，1920 年代に北西ヨーロッパから北アメリカに導入された．（b）1940 年代にヨーロッパで *O. novo-ulmi* のユーラシア（EAN）系統が発生，その後北アメリカ（NAN）系統が発生し，1960 年代に NAN 系統はヨーロッパに導入された．

ssp. *novo-ulmi* と *O. novo-ulmi* ssp. *americana* として扱われている.

これらの病原菌は無傷の健全なニレの木に侵入することはできない. 伝搬には樹皮下キクイムシとよばれる衰弱木や新鮮な丸太の樹皮下に穿孔し繁殖する甲虫を利用している. 樹皮下キクイムシにとって, *O. ulmi* や *O. novo-ulmi* によって枯死したニレの木の幹や枝の樹皮下は, 格好の繁殖場である. このような木の幹や枝の中には, もちろん病原菌が繁殖しており, 特にキクイムシの孔道壁ではたくさんの胞子を形成する. そのため, このような樹皮下で生育した新成虫は, やがてこれら病原菌の胞子を体表に付着させて外界に飛び出し, 後食 (maturation feeding) とよばれる行動 (ニレの若い枝の叉部分の樹皮をかじる) をとる. そのさい, 体表に付着させていた胞子を露出した樹皮の内部や材部に接種する. 接種された菌はやがて導管部に侵入し, 樹木の他の部分に移動し感染を拡大するとともに, 樹幹部の通水阻害を引き起こし, 枝や樹木全体を枯死させる. 立ち枯れしたニレの木の幹や枝あるいはそれを切り出した丸太は, 再び樹皮下キクイムシの繁殖に使われる (**図 7–4**).

何種類もの樹皮下キクイムシが, この病原菌の伝搬に関与しているが, ヨーロッパでは *Scolytus scolytus* と *S. multistriatus* が, 北アメリカでは, ヨーロッパから侵入した *S. multistriatus* と北アメリカにもともと生息していた *Hylurgopinus rufipes* が, おもな媒介者 (ベクター, vector) である. いずれの樹皮下キクイムシも, 一次加害性ではないため, キクイムシ自身が健全な生立木の樹皮下に穿孔し, 大被害をもたらすことはない. 菌は樹皮下キクイムシにより樹皮という堅牢なバリヤーを突破し繁殖場に確実に伝搬してもらい, 樹皮下キクイムシは菌によって大量の繁殖場をつくり出してもらうという, 相利共生の関係を形成することができたことにより, 樹皮下キクイムシも病原菌もますます増殖し, 病害の大流行を引き起こしたと考えられる.

このような病原菌や媒介者である樹皮下キクイムシが, 大陸を渡って広がったこと, 各大陸内で急速に被害地域が拡大したことの原因として, 人間による不注意な感染丸太の移動が考えられる. 菌類やキクイムシ自身による移動範囲は限られたものであるが, 感染した地域から未感染地域へこの病原菌あるいはキクイムシが侵入したニレの丸太を移動するという人間の活動により, 短時間に長距離移動を行えたと考えられる.

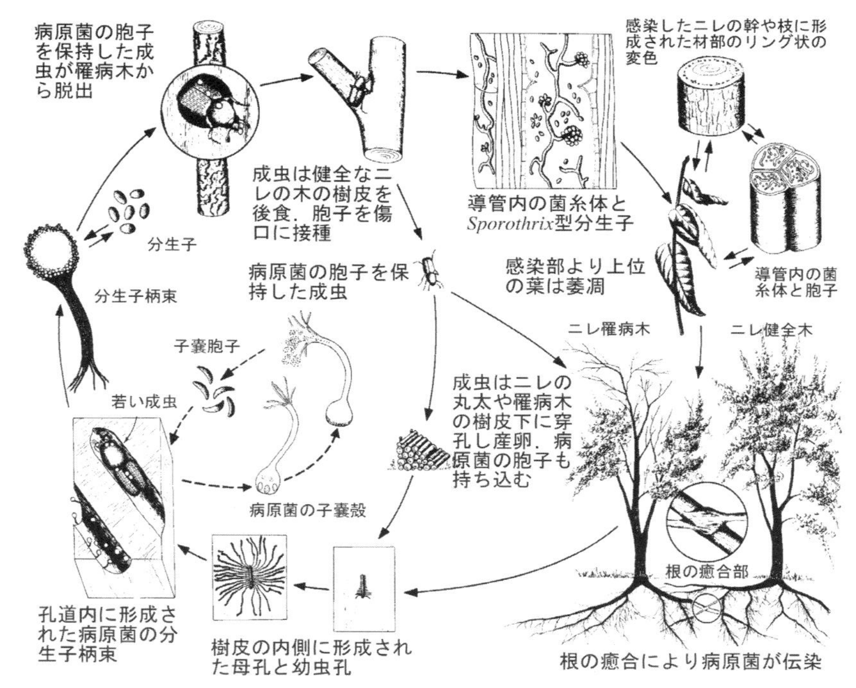

図 7–4　ニレの萎凋病の伝染環（Agrios, 1997 より改変）

7–4–3　マツ材線虫病

北海道をのぞく日本各地でアカマツ，クロマツが集団で立ち枯れを起こしている．枯死木にはカミキリムシやゾウムシ穿孔性の昆虫が多数みられるため，以前は「松くい虫」被害と呼ばれていたが，現在はマツノザイセンチュウ（*Bursaphelenchus xylophilus*）という線虫が原因で起こる萎凋病であることが明らかにされている（清原・徳重，1971）．この線虫によると思われるマツの枯死被害は，1900 年代初めに長崎で記録され，その後九州全体，山陽地方へと徐々に被害を拡大し，1960 年頃には関東以西に広く発生するまでになった．1970 年代以降，関東北部，東北，甲信越へと被害は拡大していった．

マツノザイセンチュウは，もともと北アメリカに広く分布していたが，北アメリカ原産のマツの多くはこの線虫に対し抵抗性であり，大きな被害は発生していなかった．この線虫は北アメリカでは二次的にマツに寄生して暮らしていると考えられている．日本へは，おそらく輸入材とともに持ち込まれたと思われるが，日本のアカマツ，クロマツはこの線虫にそれまで遭遇したこともなく，また大部分の個体が抵抗性をもっていなかった．そのため，一度マツノザイセンチュウの侵入を受けると，マツの樹体内で線虫の拡散，増殖を防ぐことができず，枯死被害にまで発展すると考えられる．

日本でマツノザイセンチュウによるアカマツ，クロマツの枯死被害がこのように広範囲に拡大した原因はもう一つある．それは，この線虫が日本に入ってからマツからマツへ確実に運んでくれる媒介者と出会うことができたからだ．その一つが，マツノマダラカミキリである．このカミキリムシも以前は日本であまり一般的な昆虫ではなかったようだが，いまではマツの枯死被害に伴い増加している．

マツノマダラカミキリは，何らかの原因で活力の低下したマツの樹幹内に産卵し，その中で繁殖することができるが，活力のある健全なマツでは繁殖できない．マツノザイセンチュウの侵入により樹脂分泌が停止したマツは，このカミキリムシにとって格好の繁殖場である．7〜8月に産卵が行われ，幼虫の状態で枯死木内で越冬する（**図 7–5**）．翌年春にはカミキリムシは蛹になるが，カミキリムシ

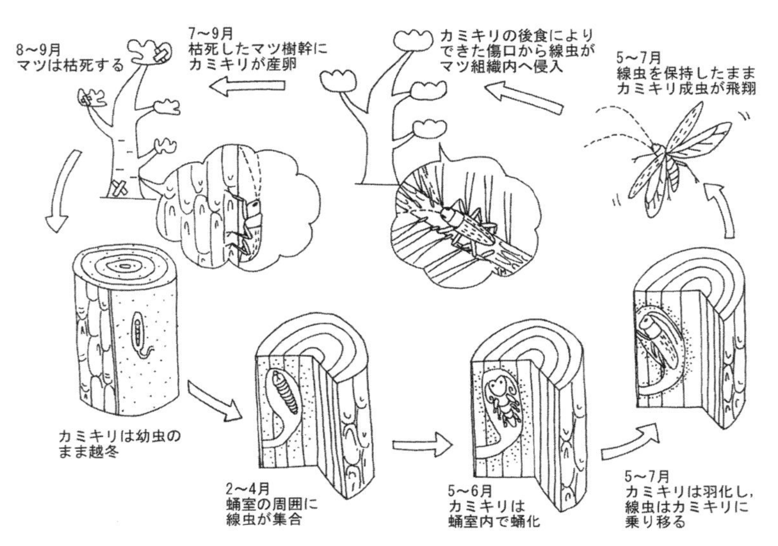

図 7–5　マツ材線虫病の伝染環（前原，2000 より改変）

の孔道や蛹室の周りにはマツノザイセンチュウが集中するようになる．線虫はそこで脱皮し分散型 4 期幼虫（耐久型幼虫）となり，羽化したばかりのカミキリムシ成虫の気門から気管に入り込む．関東以西では 6～7 月にカミキリムシの成虫は線虫を保持したまま枯死したマツの外に飛び立つ．このカミキリムシがそのまま枯死したマツに産卵してくれれば問題ないのだが，実際には，産卵活動前に後食という行動をとる．この摂食は，性的に成熟するために必要で，枯死木から脱出した成虫は，健全なマツの若い枝を摂食する．そのさいできた枝の傷から，保持していた線虫が健全なマツ内に侵入する．侵入を受けたマツは，線虫の活動により樹脂分泌が停止し，8～9 月には萎凋・枯死する．枯死したマツは前述のようにカミキリムシにとって格好の繁殖場になる．

このようにして，もともと一次加害性の能力が低かったマツノザイセンチュウとマツノマダラカミキリが偶然に出会い，お互いの繁殖，伝搬をサポートし合う相利共生関係が成立したことが，この病害の被害拡大に大きく関係している．

7–5　病原菌の生態的役割

植物の病気の中には世界的に大発生して重大な被害をもたらすものもあるが，森林樹木の病気を引き起こす植物病原菌はすべて悪者で，まったく不要なものなのだろうか？

例えば，木材腐朽菌はどうだろう．樹木の材の大部分はすでに死んだ組織であり，特に心材には生きた組織はない．心材腐朽（**図 7–6**）の場合，生きている組織に直接影響なさそうだが，樹木の耐久性は弱まり強風の被害にあったときなど

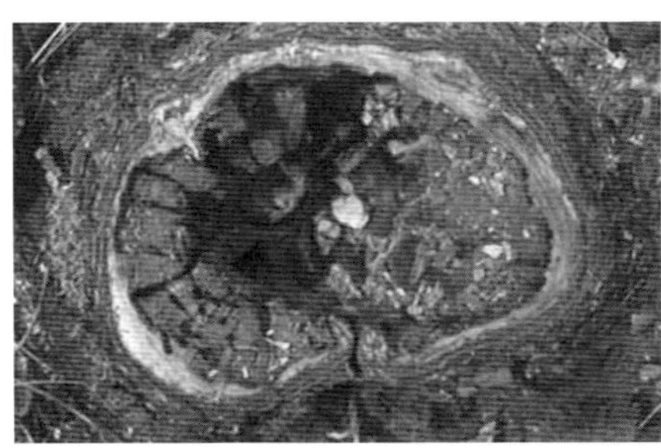

図 7–6　カラマツの根株心腐病（口絵 F–2）

図 7–7　ベッコウタケの子実体（口絵 F–3）

に生立木は簡単に倒れてしまう．産業的にも中央が腐朽している木から大きな材はとれず経済的な損失は大きい．また，幹の辺材で腐朽が起きた場合には，辺材内に残っていた生きた組織が分解されるだけでなく，分裂組織である形成層も壊死して肥大成長ができなくなり，溝腐病（モミサルノコシカケ等による）が発生することもある．マツノネクチタケ，シマサルノコシカケ，ベッコウタケ（**図 7–7**），ナラタケ類は，生立木枯損を引き起こすことが知られている．しかし，材のように分解が困難な物質がもし分解されなければ，次世代が利用するための養分を供給することはできず，物質循環の大きな妨げとなる．また，樹木の中には，地面に直接落下した種子は発芽をしても次世代の苗として健全に生育を続けることができないことがある．そのような樹種の場合，成木が倒れ腐朽が進んだ倒木の上に落ちた種子は健全に成長を続けることができ次世代を更新することができる．これは倒木更新とよばれ，森林を歩いていると古い根株や倒木上に苗が生育している（**図 7–8**）のをみることができる．また，天然林にもかかわらず，ほぼ一直線に苗木が成長している（**図 7–9**）場合は，倒木の上で更新した可能性が高い．北海道のエゾマツやトドマツは，腐朽した倒木や伐根上で更新している．これは，暗色雪腐病菌（*Racodium therryanum*）による種子の腐敗を回避することができるためと考えられている（程，1989）．

亜高山帯の針葉樹林帯では，シラベやオオシラビソのようなモミ属の針葉樹が

図 7–8　倒木更新
（カナダのダグラスファー）

図 7–9　倒木更新
（北海道のエゾマツ）

縞枯れ林とよばれる林を形成することがある．山の斜面に枯れた樹木が帯状に広がり，八ヶ岳の縞枯山や奥秩父連峰の朝日岳では，枯損帯が何本も帯をつくっており，その帯は毎年山頂に向かって移動していく．実際に立ち枯れした木が立ち並ぶ枯損帯に入ってみるとその下には一面次世代の苗が成長を始めている．そこから斜面の下方に向かって順に成長した苗木，若木，成木と並び次の枯損帯へとつながる．最前線にさらされた成木が毎年少しずつ枯死する一方，その真下から斜面下方に広がる苗や若木は成長するため，結果として枯損帯が毎年少しずつ山頂に向かって移動していくことになる（**図 7–10**）．

枯損帯の真下は小さな苗で覆われ，足の踏み場もないほどになる．その苗は成長とともに大きくなっていくが，もしそのすべてが成長を続けたならば幹と幹の間はまったく隙間がなくなり，お互いに枝も張れず光合成も十分にできず共倒れになってしまうだろう．しかし実際には，樹木は適度な間隔をあけながら成長していく．つまり，成長に合わせて適度に間引きされている．この様子は，斜面に沿って歩くと木の成長に合わせて各区域に植わっている木の密度が変わっていくのがはっきりとわかる．その間引きには，昆虫による摂食もあるかもしれないが，比較的病原性の弱い病原菌が，弱った個体から順番に病気を起こし枯死させていると考えられている．

ブナ林では，種子が豊作であった翌年には，林床一面に実生が生えるが，発芽

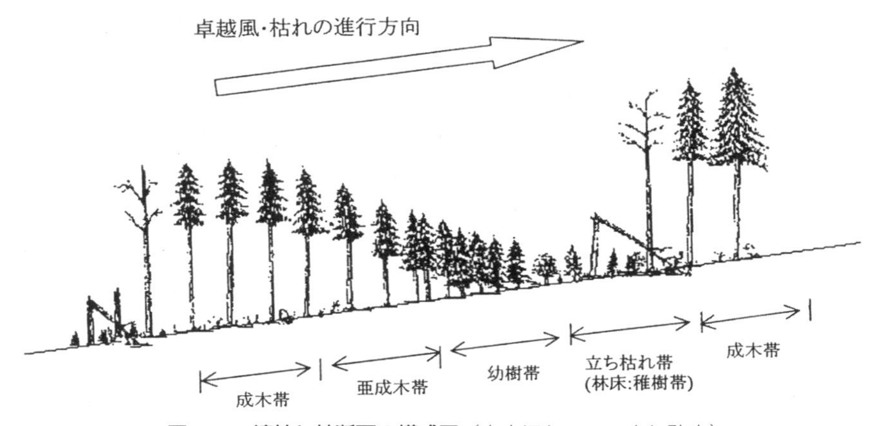

図 7–10　縞枯れ林断面の模式図（大高ほか，2004 より改変）

から約２カ月でそのほとんどが姿を消す．その原因として，糸状菌の一種，*Colletotrichum dematium* による苗の立ち枯れが起きているためであることがわかっている（Sahashi et al., 1995）．ブナ林を形成している成木が倒れ林にギャップが形成されると，芽生えが元気に生育を続けることができる．このギャップの形成にも菌類が関与すると考えられている．木材腐朽菌により耐久性が弱くなった木が台風などの大風で倒れやすくなっており，ギャップ形成しやすくなる．

以上のように，病気は樹木一本一本にとっては，確かに有害であるが，健全な森林を維持するためには重要な役割を果たしていると考えることができる．

7–6 まとめ

7–6–1　なぜ病気の大発生が起こるのか？

自然界には膨大な数の微生物が存在するが，植物は自分に侵入してこようとするものを排除しようとする．その能力がなければ植物はまたたく間に微生物の侵入を受け，病気になってしまう．したがって，いま我々が目にする健全な植物は，自分の周囲にいる大部分の微生物に対して抵抗性を発揮し侵入を防いでいると考えられる．もちろん前述のように誘因である環境が植物に有利に働いていることも忘れてはならない．ある病気が発生する，ましてやそれが大流行するにはいくつかの条件がそろわなければならないことがわかる．

まず，(1) 宿主植物と寄生者が遭遇したときに，その植物が寄生者に対して抵抗性を発揮できない，あるいは寄生者がその植物の抵抗性に打ち勝てる必要がある．前述のように，植物は自分に侵入してこようとするものを排除する能力がある．初めて遭遇した微生物のほとんどに対してその能力が発揮できるはずだが，ときにその抵抗性が破られることがある．ある地域で長い年月にわたって寄生者とその宿主植物が生活している場合，寄生者はより確実に植物に寄生できるように病原性や宿主の抵抗性を回避する能力を高める．一方宿主植物は，その寄生者に対する抵抗性を身につけたり，あるいは寄生を回避することで生き残ると考えられる．このような共進化の結果，遭遇してから時間が経過した寄生者と宿主の間には，お互いに決定的なダメージを与えないようなバランス関係が成立している．あるいは，ともに遺伝的多様性を発達させ，一部がやられても互いに集団すべてが駆逐されることはない．一方，初めて遭遇した場合，もし植物の側に寄生者に対する抵抗力がないと，その集団のほとんどが大きなダメージを受け，病気の大発生につながる可能性がある．絶対寄生菌であるさび病菌ですら（例えば，ストローブマツ発疹さび病），このような場合には宿主植物に壊滅的ダメージを引き起こす．いままで遭遇したことのない新しい寄生者と植物の組み合わせが突然発生するような状況は，上記の3例のように，(2) 人間が寄生者または植物を移動させたことが大きな原因になっている．

新たな地に運ばれた生物は，必ずしもその地に定着できるとは限らない．むしろほとんどの生物は適応できずに死んでいっているはずである．でなければ，これだけ頻繁に世界中を人間や物が移動している昨今，空港や港周辺ではとんでもない事態になっているはずである．したがって，その微生物が病気の大発生を引き起こすためには，(3) その土地の温度や水分条件等のさまざまな環境がその寄生者の生存，繁殖に適した条件でなければならない．さらには，その新天地で (4) 寄生者が生活環を全うするために必要な中間宿主に出会うことや，確実に次の宿主に運んでくれる媒介者と相利共生関係を築けることも，病気の大発生，大流行が発生するための重要な要因である．また，(5) 寄生者自身が何らかの方法で病原性を高める（病原性の強い系統が出現する）ことも，病気の大発生につながる大きな要因である．

植物の勢力が減衰すれば植物は十分な抵抗性を発揮できなくなり，病気にかかりやすくなる．したがって，(6) 樹勢を低下させるような環境要因，天災，昆虫や動物による食害，人間活動がもたらす大気汚染や物理的傷害などが重なると，病気の大発生につながる可能性がある．

7–6–2　病原菌はいつでも悪者か？

前述のように，森林の樹木には小さな苗のときから成樹まで，さまざまな病気にかかる可能性があり，実際それによって枯死している個体が多数存在する．しかしながら，森林の健全な育成，更新を考えると，苗の立枯病も，枝枯病，胴枯病も，一定レベルまでであれば弱った個体から順次間引いていき，残りの個体がより健全に成長するために必要である．また，木材の腐朽も物質循環には欠くことのできないものであり，倒木更新のためにも不可欠である．森林の中で立ったまま枯れている木をみると，我々の多くは痛ましい光景のように思うが，それは，鳥や動物の巣として重要な役割を果たしており，森林の生物多様性を維持するためにはやはり重要な存在である．病気と聞いて毛嫌いするのではなく，その森林にきわめて大きな被害をもたらすのでない限り，その存在の必要性を理解しうまくつきあっていくことが重要だと考える．

本章で紹介した森林樹木の病気，菌類の働きについてさらに詳しい情報を入手されたい方は，金子・佐橋（1998），佐橋（2004），鈴木（2004），全国森林病虫獣害防除協会編（2003），二井（2003）等の文献も参考にしていただきたい．

（山岡裕一）

Coffee break

現代美術の可能性としての森林

左下に筑波山の写真がある．皆さん，何か違和感を感じないだろうか？
右の神社の写真はどうだろうか？

筑波山遠景．国定公園にもかかわらず，山頂にたくさんの電波塔がたっている．

つくば市内の神社．突然，鎮守の森がすべて伐採された．

都市の整備で１本の樹木もない社殿にどっきりしないだろうか．この痛々しさは何なのであろうか？　本来，神社は鎮守の森そのものがご神体で，その印に社(やしろ)があるのではないか．

筑波山の写真にかえる．国定公園に指定され，万葉の昔からの聖なる山に，角(つの)（電波塔）が何本も生えている．このことに違和感を感じないだろうか？

私はこの角をみると悲しくなるのである．この写真ではわかりにくいが，右の神社をみたのと同じ驚きを感じるのである．皆さんはどうだろうか？　普段，我々は，ただ，ああ筑波山だ，とぼんやり眺めているだけだ．

ひょっとして私たちは，いつの間にか，効率性と利便性に飼いならされて感性が「すれっからし」になっているのではないだろうか？　いまならケーブルを通すとか衛星を上げるとか，いくらも方法はあると思うのである．もちろん，電波塔撤去運動をしようというわけではない．ただ，この景観をみて，いたわしい，美しくない，と気づいてほしいのだ．もし，つくば市近隣に住む人々の多くがこの景観は美しくないと思えば，何とか工夫をするはずである．

この「気づく」ということが，じつは芸術の力なのだ．

芸術による気づきは静かに人々に浸透して，ゆっくりと次の社会変化を準備する．芸術には，直接的に社会に働きかけたり人々の暮らしを良くしていくような力はない．無用の用．人生の必要な無駄．ということである．

これから私の作品を含めさまざまなアートをご覧いただきたい．

國安孝昌 「Return to Self 1988」夏

國安孝昌 「Return to Self 1988」秋

▲これは1988年の私の作品である．生きている樹木を取り込んで2階建ての家ほどの大きさで3000本の丸太と10万個の小さなレンガを一つ一つ積んでできている．当然木は生きているので，季節によって作品は変化していくのである．

秋．紅葉も作品の一部として表情を変えていく．

▶冬．もちろん，雪も作品の一部である．

私は北海道生まれで，雪には深い思い入れがある．私には，この作品以外にも雪を取り込んだ作品がたくさんある．

そして，めでたく春にはサクラの花が咲く．花も作品の一部である．

國安孝昌
「Return to Self 1988」冬

國安孝昌
「Return to Self 1988」春

下の作品は，四季の変化ではなく経年の変化を狙っている．

國安孝昌
「Return to Self 1989」

1年後，クズの葉に覆われる．

◀丸太と小さなレンガに加え，自然石を利用した．これで一応の完成なのだが，ここはクズが生える土地であるとわかっていた．1年後が本当の完成になるのである．自然の力はものすごく，たった1年でクズは頂上を極めてしまった．いまはアンコールワット状態で緑の山があって，冬にだけ作品が姿を現す．

▶左はリレハンメル冬季オリンピックのカルチャープログラムで制作した作品だ．冬季五輪なので雪を作品に取り込んでいる．スケート競技場のすぐ脇にあった．

　右は 1997 年ドイツのカッセル市の森林公園の中に設置した作品である．周りの木々を借景にするように設置した．

國安孝昌
「Stream Nest」

國安孝昌
「Spiral of Fulda」

（口絵 G–1）

▼次の作品は，1999 年から 2000 年の会期 1 年に及ぶ，箱根彫刻の森美術館での仕事である．急な山道を下ると作品の部分がみえてくる，下り終えると作品の正面に出る．

國安孝昌
「林泉の竜神」部分

國安孝昌
「林泉の竜神」正面

◀ここでは，池のコイも作品の一部分になっている．

▶左は直接，アカマツの木に縛りつけた鳥の巣のような作品．

　中はサクラを借景にして，風に吹かれて池にぷかぷか浮いている作品．

　右は「越後妻有アート・トリエンナーレ 2006」への

國安孝昌
「雨引く水神の環」

國安孝昌
「雨引く里の池の環」

國安孝昌
「棚守る竜神の塔」

（口絵 G–2）

参加作品である．越後妻有アート・トリエンナーレは，新潟の十日町市を中心に６町村を舞台にした世界的にみても大掛かりな芸術祭である．これは過疎に苦しむ町を芸術で町おこししようという嘘のような現実の話である．総予算数十億円という巨大文化プロジェクトなのだ．

旧来の箱物行政ではなく，かわりに町や村の至るところに作品を設置し，それを人々がみに来ることで地域を活性化させるという狙いである．しかも設置される作品は，現代美術というなじみの薄いもので大変な苦労があったが，ふたを開けてみると大成功で，地域人口７万 5000 人のところに全国から 30 万人以上が訪れるという結果であった．

この展覧会によって，作品をみるということ以上に，棚田を中心とした越後の里山の景観の美しさの価値を都会の人々が改めて再認識することとなったのである．芸術祭によって，静かに地域は変わってきている．これなどは，先に述べた芸術による「気づき」の好例といえる．

次に世界に目を向けてみたい．

Wolfgang Laib
「タンポポの花粉」

Wolfgang Laib　作家がアトリエ近郊で花粉を集めている記録写真

（口絵 G–3）

▲この黄色い四角は何であろうか？

じつはこれはタンポポの花粉なのである．ヴォルフガング・ライブ（Wolfgang Laib）という作家の作品である．

これが絵の具の粉なら，何の驚きもない．しかし，それが，花粉であると気づいた瞬間，作者の自然への慎ましやかな愛情と生に対する深い哲学を感じるのである．誰でもできるただ四角く粉をふるという行為．その粉が，じつは，花粉であるという事実．こんなシンプルな行為で，彼は誰にもできないことをやり遂げた．ここに，芸術の本質があるように思えてならない．

もともとは医者だった彼は，旅行でのインド体験のあと芸術家になってしまった．だからかもしれないが，彼の作品はいつも食べものかそれに類似したものを素材にしている．

▶例えば塩と米である．また，教会に米を並べた作品もある．このように作品が置かれた場所と分ちがたく一つになった展示手法を美術用語で，旧来の彫刻と分けるためインスタレーションとよび表す．

Wolfgang Laib
「ライスハウス」

Wolfgang Laib
「米の食事」

Wolfgang Laib　「ミルク・ストーン」

◀さらに，水平を保った白い大理石に白い牛乳を静かにたらし，表面張力で牛乳の四角ができる，といった具合の作品もある．

▶次に同じドイツ人のニルス・ウド（Nils Udo）をみてみたい．ウドはミュンヘン近郊のシュバルツバルト黒い森で制作をしている．彼の特徴は，作品発表をオリジナルの写真で公開することである．実作は森の中にある．左は彼の代表作の「ネスト」である．右は夕日が作品の中央に沈んでゆくといった作品である．

Nils Udo
「ネスト」

Nils Udo
「春分・秋分のための太陽の彫刻」

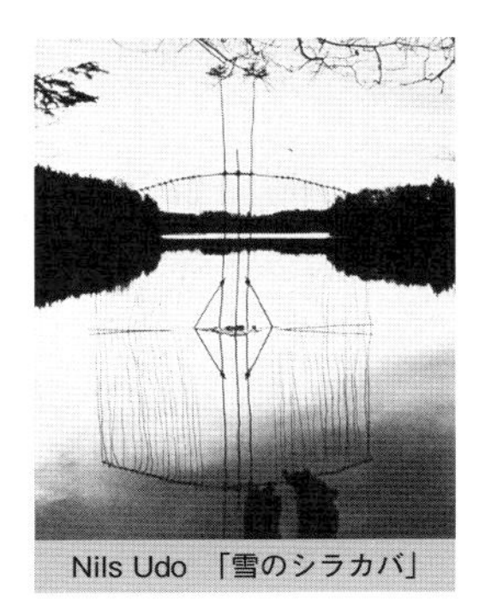
Nils Udo 「雪のシラカバ」

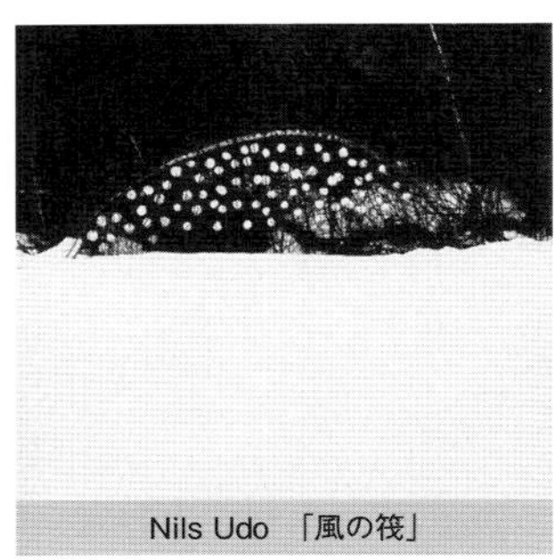
Nils Udo 「風の筏」

◀左は湖面に作品が映り込むような意図をもった表現である．右は雪玉を倒れたシラカバの木の枝にいくつも取りつけた作品で，私は同じ作家として嫉妬を抱くほどすてきだ．こういった自然を相手にインスタレーションをつくる傾向の作家たちをパストラル派ということがあるが，あまり定着したよび方ではない．

一方，イギリスにも多くの作家がいる．代表はアンディ・ゴールズワージ（Andy Goldsworthy）である．

▶左の葉っぱは何だろうか？　絵の具を塗ってならべたのではない．秋，紅葉した葉をたくさん集めて，緑から黄色，赤へと虹色の色相環に沿って，ただ葉っぱをならべただけの作品である．右は同様に環を作った葉っぱである．

Andy Goldsworthy
「サクラの葉．線」

Andy Goldsworthy
「サクラの葉．穴」

Andy Goldsworthy 「ニレの葉」

◀さらにはっとさせるのが，濡れ落ち葉で岩をくるんでしまった作品だ．

彼ほど自然と上手に共生した表現をする作家を，私は知らない．

▶雪の透過性を使った作品である．この作品など，朝日が当たって15分もすると壊れてしまったそうだ．私は子供の頃の雪遊びを思い出す．冬の遊びといえば，私はつららでチャンバラごっこをしたものだが，彼のつららの作品は，まるで流れ星がすーっと舞い降りたようである．

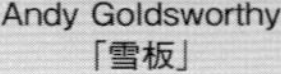
Andy Goldsworthy
「雪板」

Andy Goldsworthy
「つらら」

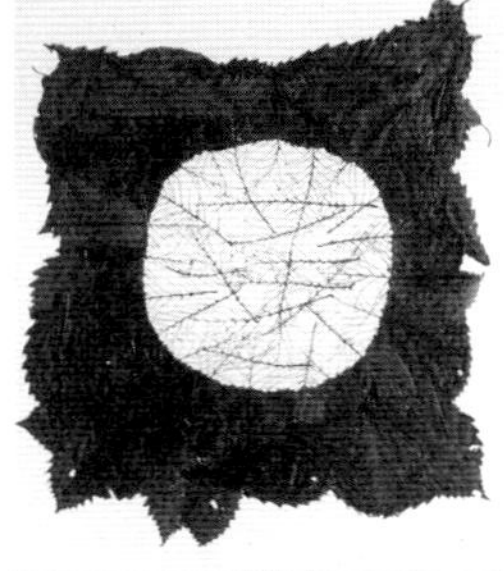
Andy Goldsworthy
「葉脈のあいだを引きちぎる」

◀彼のドゥローイングはもっとすてきだ．世田谷美術館で初めてこれをみたときには呆然と立ちすくんでしまった．それは，葉脈だけを残して葉肉だけをはぎ取ったものだ．

▶さらに驚嘆するのは葉っぱを折り畳む作品で，どうしたらこんな幾何形態ができるのであろうか？　このシリーズはなんとイギリスの記念切手にまでなっているのだ．

Andy Goldsworthy
「甘栗の葉」

Andy Goldsworthy
「プラタナス」

（口絵 G–4）

▶世代はもう一つ上になるが，イタリアにも自然をうまく使う作家がいる．ジュゼッペ・ペノーネ（Giuseppe Penone）である．これは，板の上に丸太を貼りつけたものではない．木から木を掘り出しているのである．正確には，板の中から木を掘り出しているのだ．

Giuseppe Penone
「11 メートルの木」

Giuseppe Penone　ペノーネによる制作風景

◀板をスタジオに搬入する．

▶ある年輪にマークをして，その外側を少しずつ削り取っていく．気の遠くなるような仕事である．

Giuseppe Penone　ペノーネによる制作風景

Giuseppe Penone
「その場で育ち続ける」

ペノーネはアルテ・ポーベラという芸術運動を代表する大作家である．ヨーロッパ人の時間感覚には驚かされる．

次の作品はどうであろうか.

Giuseppe Penone 「その場で育ち続ける」の経年変化

◀木を握った手をそのままブロンズに鋳造して，それをその木に戻すのである．何年も何年もそのままにおいておくと木は次第に太り，まるで柔らかな鞠でも潰したようにぐにゅっとなるのである.

▶果たして何年の時間がたったのであろうか.

Giuseppe Penone
「その場で育ち続ける」の経年変化

Giuseppe Penone
「Garessio」(左) とその経年変化 (右)

◀さらに気の遠くなる仕事に，輪にしたロープをかけた木が太ることで，ゆっくりゆっくりとスレート（石板）が立ち上がるという作品まである.

ところで，このように自然を取り込む作品をみてくると，自然は三つに分けられるのではないかという気がするのである．

第一は，エコな人々がイメージする自然，これは「手つかずの自然」である．

第二は，第一とは対極にある都市という「手の入りすぎた自然」ではないだろうか？

そして第三は，私が盛んにアプローチする，里山の景観に代表される，ほどよく「手の入った自然」である．

もちろん，「手つかずの自然」はそれだけで十分に美しいものである．東京のようなごちゃごちゃの都市でも，部分をみれば人工の自然美を備えている場もあるかもしれない．しかし，私が興味あるのは，人為だけでも自然だけでもなく，人為と自然が分かちがたく一つになっている状態なのである．それを私は里山に代表される「手の入った自然」に見つけるのである．

私が先にお見せした作品は，自然と分かちがたく一つになった芸術表現である．ここでは詳しい美術史は割愛するが，アートの自然へのアプローチは，これまで都市の美術として発展してきた近代美術，現代美術の歴史へのアンチテーゼにあたり，新たな表現の開拓となるのである．

文化の先端は，本当は手の入った自然というフィールドにあるのではないだろうか？　その“ほどよく”という形容詞にさまざまな態度やアプローチが考えられる．例えば農業はどうであろうか？　考えてみれば農業は，一番の自然破壊者でありながら決して非難されない．それは，人為と自然が分かちがたい状態でまさに「手の入った自然」を実現しているからではないだろうか．

芸術も同じで，人為そのものである制作という行為が，自然を取り込むことによって新鮮な驚きを新たに生じさせるのである．

自然はそのアプローチの仕方によってさまざまな答えを用意してくれる．

いま私たちが一番に考えなければいけないのは，ほどよく「手の入った自然」の重要性である．そのほどを知ることは「気づき」ではないだろうか．

筑波山の上に何本もの角(つの)のような電波塔がたっているのをみて，何も感じない「すれっからし」な感性になってはいけないのである．

気づけば変わる．芸術はそのためにゆっくりと次の世代を準備していくのである．その芸術の無用の力を私は信じているのだ．

以上のような作品をみてきて，読者の皆さんが，町並みや田園を歩いたとき，木の葉をたんなる木の葉と見なすのではなく，ふっとこれを使って何かできるのではと思うようになってくれればと願うのである．

芸術は，気づきである．見慣れた森や自然に，ふと日常の視点を変えて気づくこと．そこから，次の時代への社会や文化の静かな変動が始まるのである．

（國安孝昌）

第8章　地球温暖化と森林生態系

8–1　はじめに

2007年のノーベル平和賞を「気候変動に関する政府間パネル（Intergovernmental Panel on Climate Change，IPCC）」とアル・ゴア氏（アメリカ合衆国元副大統領）が受賞した．前者の受賞理由は，人為的に起こる気候変化についての科学的知見を蓄積・普及するとともに，気候変化に対処する基盤を築いたことにある．IPCCの第5次報告書（IPCC, 2013）によると，人間活動により排出された温室効果ガスにより今世紀末には地球の平均気温は0.3〜4.8℃上昇し，自然や人間社会にさまざまな影響を与えると予測されている．

温暖化は，温度の上昇にとどまらず，降雨，降雪，日射量，台風など，他の気候変化も伴う．森林生態系は，CO_2の吸収・蓄積・放出，水源涵養，土砂流出防止などの機能とともに，多様な生物の生息地として生物多様性を維持する機能を有している．森林生態系への影響としては，気候変化が毎年の開葉・落葉・開花・成長などを変化させ，それが長期に及ぶと動植物の生存や生物種間相互作用にまで影響し，その結果として動植物の分布を変化させることなどが考えられる．地球温暖化は，森林に生育するほとんどの種の生育地・生息地（habitat）を移動させるので，一部の種については絶滅につながる可能性がある．本章では，最終氷期以降の植物分布の歴史と，近年の温暖化が影響している可能性のある事例を紹介し，将来の温暖化が日本の自然林に及ぼす影響について詳しく解説する．

8–2　日本の気候と森林

日本は北緯25度から45度，南北に3000 kmにわたっており，東アジアのモンスーン地域に位置している．その全域が，森林の成立を十分に支える降水量に恵まれている．そのため，日本の植生帯は温度の傾度に対応しており，南から亜熱帯常緑広葉樹林，暖温帯常緑広葉樹林（照葉樹林），中間温帯林（モミ・ツガ林，暖温帯落葉樹林），冷温帯落葉広葉樹林，亜寒帯（亜高山帯）常緑針葉樹林，高山植生，北海道に特有の針広混交林などに区分されている（福嶋・岩瀬，2005）．本州中部の南アルプスや中央アルプスを低地から登って行くと，標高に伴う自然林の分布（垂直分布）を観察できる．海岸線から標高 500 m まではスダジイ・カシ類などからなる暖温帯常緑広葉樹林（照葉樹林），500～1000 m には常緑針葉樹（モミ・ツガ）と落葉広葉樹（イヌブナ，シデ類など）が混生する中間温帯林，1000～1650 m にはブナが優占する冷温帯落葉広葉樹林，1650～2400 m にはシラビソ，コメツガ，トウヒが優占する亜高山帯性の常緑針葉樹林，それ以上の標高にはハイマツ低木林や高山草原からなる高山植生が広がる．

植物分布には温度に加えて，積雪が大きく影響する．冬に大陸から日本に向かって吹く季節風は日本海上で対馬暖流から水蒸気を供給され，日本列島に多量の降雪をもたらす．そのため本州の日本海側山地は世界有数の多雪地帯となっており，降雪の少ない太平洋側山地との間で明瞭な積雪傾度がある．日本の植物分布は，マクロスケール（1～1000 km）では温度や降雪の条件によって影響を受けている．さらに，メソスケール（1 m～10 km）では地形，地質，土壌などの環境要因によって影響を受けている．温暖化すると，温度と積雪の変化によりマクロスケールで植物分布に影響が現れるとともに，地形などに対応するメソスケールでの多様な影響が現れると考えられる．

8–3 植物分布の歴史

植物分布は気候変動に伴って変動してきた．過去 2 万年を見ても，最終氷期以降の気候温暖化に伴い植物の分布が大きく変化してきたことがわかっている．過去の気候変化に対応する植物分布の変化を知ることは，将来の温暖化が植物分布にどのように影響するかについて推測することに役立つ．

今から 2 万年前頃は，最終氷期の中でもっとも寒冷な時期で，年平均気温は現在より 7～8 ℃も低く，植生の垂直分布は現在に比べて 1300 m 以上低下していた．海面は現在より 80～140 m 低下し，対馬暖流が日本海にほとんど流入していなかったので，日本海の表面水温は低かった．そのため，冬の海面からの蒸発量が少なく，降雪量が少なかったと推定されている．この時期の日本の植生は，ツンドラや森林ツンドラが北海道に，亜寒帯針葉樹林が東北から中部日本に，落葉樹を含む針広混交林が南西日本に，照葉樹林が南西諸島に分布していた（安田・三好，1998）．

1万5000～1万1700年前は晩氷期に当たり，4回の大きな気候変動（年平均気温が現在の－3～－6℃）を繰り返しながら温暖化した．1万1700年前以降（後氷期），気候は一方向的に温暖化に向かった．海面は急激に上昇し，日本海に対馬暖流が流れ込み，日本海は拡大し表面水温が高くなった．このことにより，日本海からの蒸発量が増加し，日本海側の降雪量は著しく増加したと考えられる．この時期，それまで優占していた森林が気温の上昇に伴って衰退した後に，一時的にカバノキ属やエノキ－ムクノキ属などの先駆性樹種が拡大したと推定される．

7000～5000年前頃（縄文時代前期）には年平均気温が現在よりも約2～3℃高くなった．その後，気候はやや寒冷化・湿潤化し，3500年前頃には現在に近い気候になり，現在のような森林帯が形成された．約1500年前から人口増加に伴い焼畑を目的とした森林破壊が南から北に進んだ結果，マツ類（アカマツ・クロマツ）が急増した．

現在，森林は全国土面積の67％を占めるが，その44％がスギ・ヒノキ・マツ類・カラマツなどの人工林で，野生植物が多く生育する自然林は山岳域に多く，分断化・孤立化している．

8–4　近年の温暖化の影響

地球規模の平均気温は，1880～2012年の間に0.85℃上昇した（IPCC，2013）．日本では1898年以降の100年に1.15℃上昇した（文部科学省ほか，2013）．温暖化の影響は他の要因と複雑に絡み合って，野外現象として現れるので，温暖化と他の要因の影響を区別することは困難である．近年の温暖化が影響している可能性のある現象として，次のような事例が挙げられている（環境省地球温暖化影響・適応研究委員会，2008）．

太平洋側の低標高域に分布するブナの混生する林は，ブナの後継樹（稚樹や若木）が少なく，ブナの更新が困難な場合が多い．これは，この地域が高温や少雪

図 8–1　温暖化に対し脆弱なブナ林（冬の茨城県筑波山）
高温や少雪というブナにとって限界の環境条件にある．ブナ親木枯死後のブナの更新がほとんどない．

というブナにとって限界の環境条件にあり，近年の温暖化がブナの衰退を加速させている可能性がある．特に，ブナが低山の山頂付近にのみ分布する場合は，今後さらに温暖化するとブナの生育地下限が山頂より高くなってしまうため，ブナが衰退し，ナラ類・カシ類・モミなどの暖温帯・中間温帯高木種に置き換わる可能性がある（田中ら，2006）．そのようなブナ林としては，茨城県筑波山，東京都高尾山，大阪府葛城山，兵庫県六甲山，福岡県と大分県にまたがる英彦山などが挙げられる（**図 8–1**）．

8–5　温暖化の植物分布への影響予測

8–5–1　影響予測研究

1つの野生植物種が生存できる場所（生育地，生育域）は，気候や土地要因などの物理的環境と生物間相互作用によって決まる．生育地があっても，そこに種が移動・到達できなければ分布しない．ある種の分布する範囲（分布域）が生存可能な環境条件の場所にくまなく広がっていると仮定して，環境条件から種の生育地を予測する分布予測モデルを作ることができ，このモデルに将来の気候条件を組み込むことで将来の生育地を予測できる．分布の有無に関係なく，生育地を指す用語として「潜在生育域（分布域）」を使う．

分布予測モデルにより示される将来の気候条件における潜在生育域と実際の分布域を比較することにより，温暖化に伴い生育地が消失・縮小する脆弱な種と地域，および温暖化後も生育地が持続する場所（逃避地，refugia）が特定できる．

日本では 2000 年代に入って，精度の高いモデルにより，ブナやハイマツ，ササ類，シダ類，針葉樹などについて潜在生育域の予測が行われた．

8–5–2　現在の気候と気候変化シナリオ

日本における現在の気候データとしては，3 次メッシュ気候値（気象庁，1996）が利用できる（**図 8–2**）．3 次メッシュとは，緯度方向に 30 秒，経度方向に 45 秒の大きさ（約 1 km × 1 km）の網の目に全国を区分したものである．将来の気候データとしては，2 つの気候変化シナリオ（RCM20 と MIROC）が日本で近年よく利用されている．将来気候シナリオ RCM20 と MIROC では，2081 ～ 2100 年の気温が全国平均で 2.8 ℃と 4.3 ℃上昇する．分布予測モデルの説明変数としては，植物の生育にとって重要な気候条件を指標する 4 つの気候変数がこのデータから算出して使われている（Matsui et al., 2004）．即ち，暖かさの指数（WI，5 ℃以上の月平均気温の年間の積算値），最寒月の日最低気温の平均（TMC），夏期降水量（PRS，5 ～ 9 月），冬期降水量（PRW，12 ～ 3 月）である．WI は生育期の熱量を，TMC は冬期の低温の極値を，PRS は生育期の水分供給を，PRW は冬期の乾燥や積雪を指標する（**図 8–2**）．

8–5–3　ブナ林

ブナは，日本固有の樹種で，北海道南部の黒松内から鹿児島県高隈山まで分布し，冷温帯で優占林を形成する．ブナ林は，日本の代表的な自然林で，水源涵養機能や野生生物の生息地として広く重要性が認められている．ブナ林は，その面積が日本の自然林総面積の 17％にあたる 2 万 3000 km^2 で，北海道南部，東北，本州日本海側に広く分布し，本州太平洋側，四国，九州では山岳上部に限られて分布する．白神山地は，世界的に稀有な大面積のブナ林が保存されている点から，1993 年に世界自然遺産に登録された（**図 8–3**）．

気候変化が日本のブナ林の分布に及ぼす影響を評価するために，ブナ林の分布

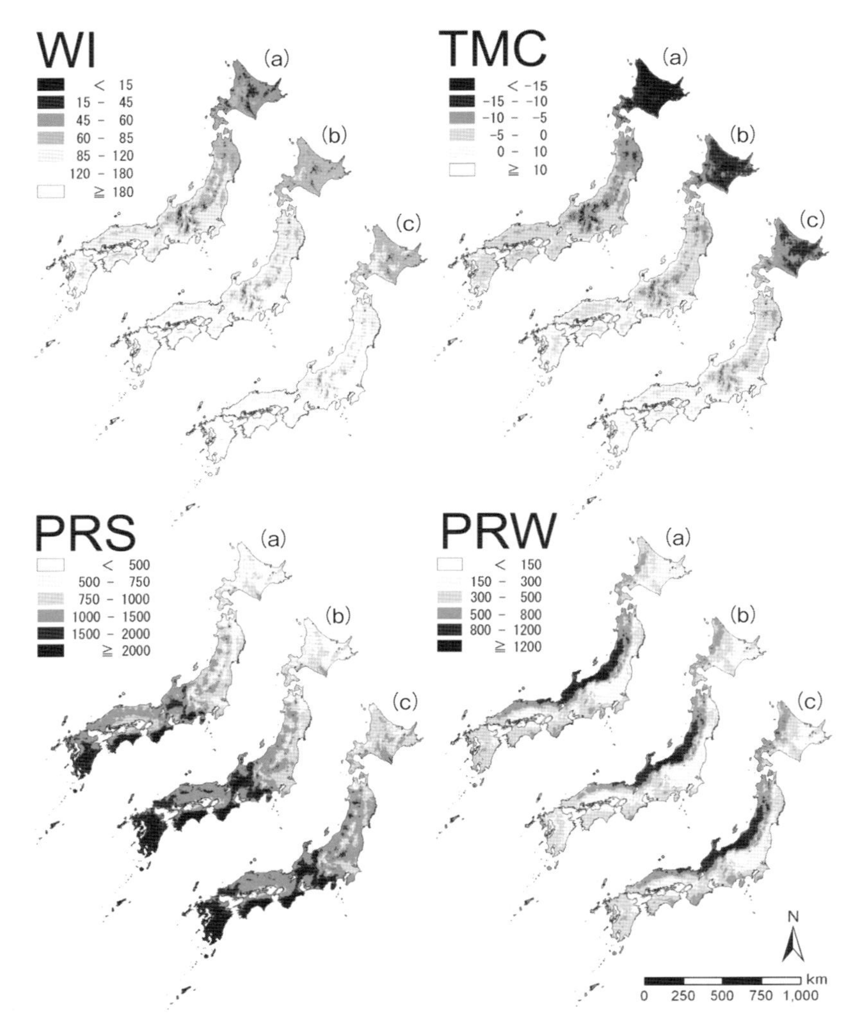

図 8–2　現在と将来の 4 つの気候変数の分布図（田中ほか，2009）（口絵 H–1）

（a）現在の気候（気象庁，1996），2081～2100 年の 2 つの気候変化シナリオ，（b）RCM20，（c）MIROC.

WI：暖かさの指数（℃・月），TMC：最寒月の日最低気温の月平均（℃），PRS：夏期降水量（mm），PRW：冬期降水量（mm）.

図 8–3　適域のブナ林（晩秋の白神山地）

予測モデルを作り，モデルに気候変化シナリオを組み込んで将来の生育域が予測された．このモデルは，3 次メッシュの空間解像度で，4 つの気候変数と 5 つの土地変数を説明変数とし，ブナ林の分布の有無を応答変数とした統計モデルである（Matsui et al., 2004）．このモデルに現在の気候と 2081 ～ 2100 年の 2 つの気候変化シナリオ RCM20 と MIROC を組み込み，現在と将来のブナ林の出現する確率（分布確率）が予測された．分布確率 0.5 以上の地域が実際の分布と最もよく一致したので，分布確率 0.5 以上の地域はブナ林の成立に適する環境条件であると考えられ，「適域」と呼ぶ．また，分布確率 0.01 ～ 0.5 の地域は，それほど適さない環境条件だが，低頻度でブナ林の成立が可能な地域と考えられるので，「辺縁域」と呼ぶ．適域と辺縁域を合わせた地域を「潜在生育域」と呼ぶ．分布確率 0.01 未満の地域は，ブナ林の成立が困難な環境条件の地域と考えられるので，「潜在非生育域」と呼ぶ．

ブナ林が実際に分布する地域における適域（1 万 4579 km^2）は，2081 ～ 2100 年には RCM20 で 21%（3117 km^2）に，MIROC で 4%（544 km^2）に，それぞれ減少すると予測された（**図 8–4**）．いずれの場合でも，西日本や本州太平洋側では適域がほとんどなくなるので，この地域のブナ林は温暖化に伴い最初に衰退すると予測される．したがって，脆弱であると考えられる．

温暖化に伴い低標高域はブナ林の成立に適さなくなり，ブナは温暖な気候に適

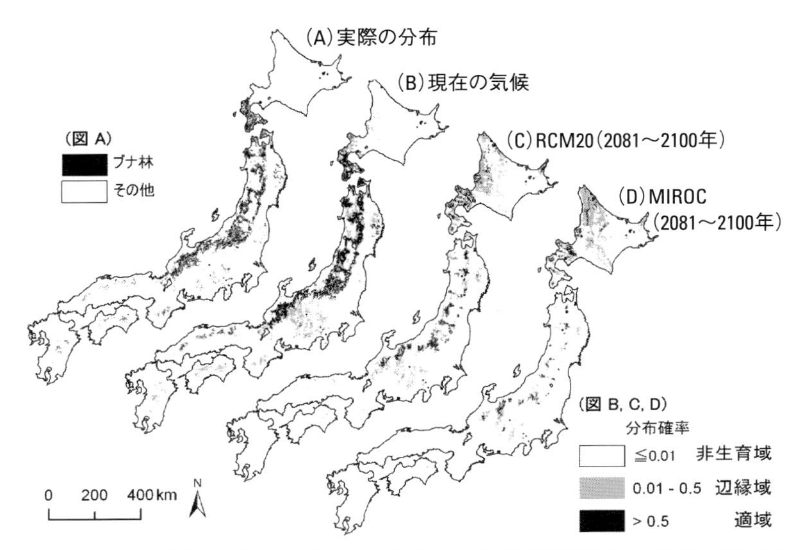

図 8–4 (A) 実際のブナ林の分布，(B) (C) (D) は各気候条件におけるブナ林の生育地タイプの分布予測（松井ほか，2009 より改変）

応する他の樹種に置き換えられる可能性がある．本州日本海側の低標高域ではコナラ，ミズナラ，クリが，九州・四国・本州太平洋側ではこれらの樹種に加えてカシ類やモミが，ブナに置き換わる可能性がある．ただし，ブナの寿命は 200～400 年であり，温暖化によりブナがすぐに枯死することはない．ブナの老齢木の枯死に伴い，徐々に樹種の交替が進むと考えられる．

今後 100 年間の本州東部における気候帯の移動は，RCM20 で約 3900 m/ 年，MIROC で約 5800 m/ 年と推定されている（田中ほか，2009）．最終氷期以降のブナ林の北上速度は，本州では 30～233 m/ 年で，北海道では 20 m/ 年または 11 m/ 年と推定されている．これは，ブナの北上速度は温暖化による気温帯の移動速度には，はるかに及ばないということである．

8–5–4 その他の樹種

ハイマツは，マツ科マツ属の匍匐（ほふく）性の低木で，日本の高山帯の代表種である（**図 8–5**）．ハイマツの分布情報と気候条件から分布予測モデルを構築した結果，

図 8–5　南アルプスのハイマツ群落（中央），針葉と球果（左上）（標高 2600 m）

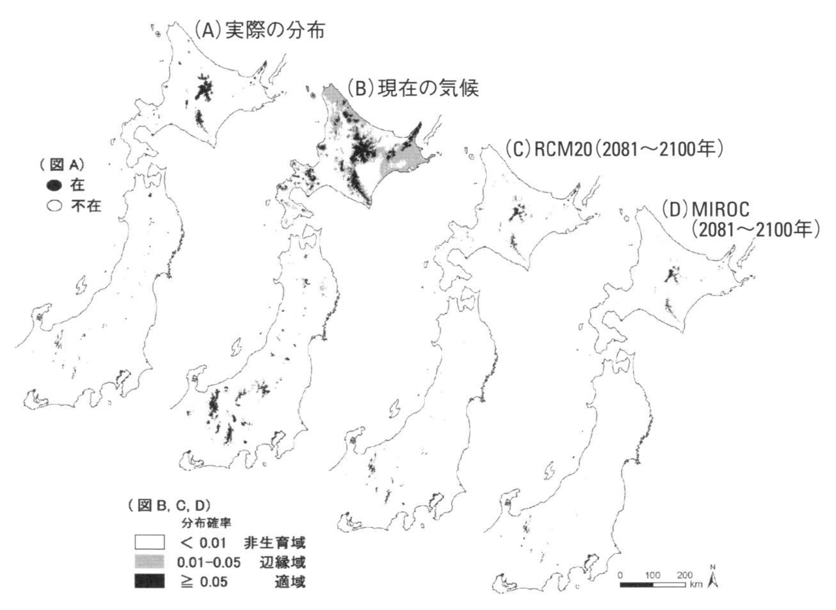

図 8–6　(A) 実際のハイマツの分布，(B) (C) (D) は各気候条件におけるハイマツの生育地タイプの分布予測（Horikawa et al., 2009 より改変）

ハイマツの分布域における現在の気候下での適域の面積は7867 km^{2}であった(Horikawa et al., 2009). 2081～2100年には，RCM20で2456 km^2（31%），MIROCで1061 km^2（14%）に適域が減少する（**図8–6**）．いずれの場合も，分布する山地の全てにおいて，適域の面積が縮小または消失することが予測された．特に東北地方は脆弱であり，逆に中部山岳と北海道はハイマツにとっての逃避地になるといえる．

次に，暖温帯から亜寒帯までの地域で異なる分布域をもつ針葉樹10種について，温暖化影響予測が行われた（**表8–1**）．現在と将来の気候で予測された生育域を比較した結果，温暖化後の適域の面積は，本州以南で，亜寒帯（寒温帯）樹種（オオシラビソ・シラビソ・コメツガ）が0～20%に，冷温帯樹種（ウラジロモミ）が8～28%に，中間温帯樹種（モミ・ツガ・トガサワラ）が27～120%に，暖温帯樹種（イヌマキ・ナギ）が185～326%に変化すると予測された．また，北海道では，トドマツが18～52%に変化すると予測された．

10種のうち亜寒帯樹種（オオシラビソ，シラビソ，コメツガ），冷温帯樹種（ウラジロモミ），中間温帯稀少種（トガサワラ）の計5種は，適域や潜在生育域が全体的に減少するだけでなく，特定地域でほとんど消失することから脆弱であると推定された（**表8–2**）．温暖化後も適域が維持される地域（逃避地）は，オオ

表8–1　樹種が移動しないと仮定した場合における温暖化に伴う針葉樹10種の適域（SH），潜在生育域（PH）の面積（2次メッシュセル数）の変化（田中ほか，2009）

樹種	現在の気候		RCM20		MIROC	
	SH	PH	SH	PH	SH	PH
トドマツ	822	930	426	488	148	165
オオシラビソ	148	148	22	22	5	5
シラビソ	32	267	3	31	0	30
ウラジロモミ	193	193	34	34	4	4
モミ	987	2,546	329	1,678	92	1,137
コメツガ	190	214	34	64	12	25
ツガ	419	1,301	285	397	217	365
トガサワラ	98	98	1	1	0	0
イヌマキ	1,188	1,596	1,188	1,188	1,188	1,188
ナギ	390	390	335	335	345	345

トドマツは北海道のみ，ほか9種は本州以南のみを対象とする．2次メッシュセルとは約10 km×10 kmの区画で，3次メッシュセルが10個×10個集まったもの．

表 8–2　温暖化に対して脆弱な樹種と地域，および逃避地（田中ほか，2009）

樹種	脆弱な地域	逃避地
オオシラビソ	東北	中部
シラビソ	紀伊・四国	中部
ウラジロモミ	紀伊・四国	中部
コメツガ	紀伊・四国	中部
トガサワラ	紀伊・四国	なし

シラビソ・シラビソ・ウラジロモミ・コメツガが中部山岳地域であった．トガサワラには温暖化後も中部地域に適域が維持されるが，実際の分布域（紀伊・四国）からは遠く離れているため逃避地にはならない．このためトガサワラには大きな逃避地がなくなってしまうので，温暖化に対して特に脆弱であると考えられる．

アカガシ（**図 8–7**）は日本の常緑広葉樹林の中でも最も北まで分布する樹種の１つである．よって，アカガシの潜在生育域の将来予測は，常緑広葉樹林の潜在生育域の将来予測にもつながる．アカガシの分布情報と気候条件から分布予測モデルを作成した結果，将来の潜在生育域は，MIROC シナリオでは 116％の増加と予測された（Nakao et al., 2011）．しかし現実には，人間活動による土地利用

図 8–7　アカガシの成葉（写真：中尾勝洋）

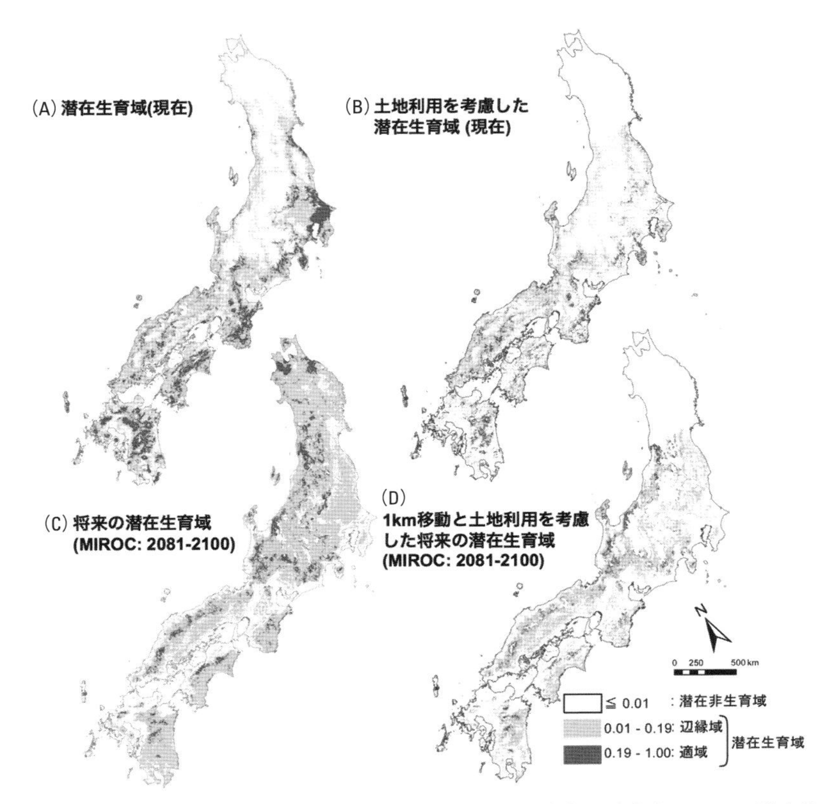

図 8–8　アカガシの潜在生育域の現在と将来の予測．図（A）現在気候における潜在生育域，（B）（C）（D）MIROC シナリオにおける 2081～2100 年の潜在生育域（Nakao et al., 2011 より改変）

や種子散布制限のために，アカガシが将来，水平的な分布を大幅に拡大できる余地は少ないが，連続する森林のある場所では垂直的に分布拡大する可能性がある（**図 8–8**）.

8–5–5　適応策

適応策とは，温暖化を前提としながらも，その悪影響を減らそうとする対策のことである．過去２万年の気候変動に対応して植物は移動してきたが，移動速度はゆっくりであった．現在は自然植生が分断されており，近年および将来の急激

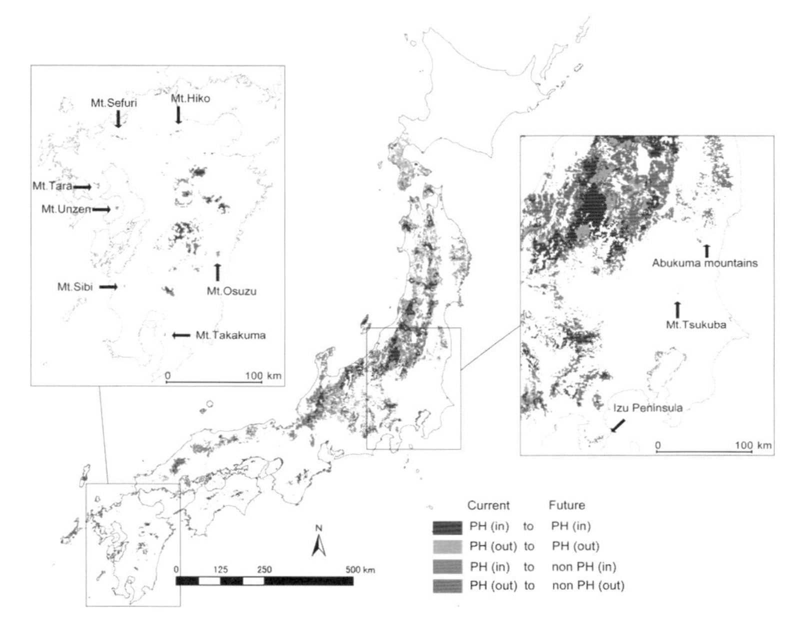

図 8–9　現在と将来におけるブナの潜在生育域（PH）と潜在非生育域（non PH），および自然保護区内（in）と保護区外（out）による区分（口絵 H–2）
青色の地域は保護区域内における現在も将来もブナの潜在生育域と判定されたブナ分布域．赤色の地域は保護区域内であるが将来は脆弱と判定されたブナの分布域．緑色の地域は現在は保護区外であるが将来にわたってブナの潜在生育域であるためにブナの新たな保護区としての候補地となりうるブナの分布域．灰色は，現在は保護区外の潜在生育域だが将来は潜在非生育域となる地域．（Nakao et al., 2013 より改変）

な温暖化に伴う潜在生育域の移動に植物が追いついていけない可能性が高い．ブナなどの事例で紹介したとおり，生育域（生息域）を予測するモデルを種ごとに作成し，将来の生育域を予測する作業により，脆弱な種や地域，逃避地が特定できる．脆弱な種や地域，および逃避地においてその変化を監視（モニタリング）していくことが，温暖化影響の適応策のスタートとなる．モニタリングすることにより温暖化影響の早期検出が可能となり，現地の変化の把握と科学的知見に基づき，種や生態系の保全計画を策定することが可能となる．自然林における適応策の実行は，他の生態系管理と同様，関係組織や地域住民の合意形成に基づき，生態系の管理目標を明確にした上で実行されることが必要である．

適応策研究の例として，現在および将来の気候条件における，ブナの潜在生育域の変化と自然保護区域との空間的な位置関係を検討した内容を紹介する．ブナの保全には，保護区を設けることによって，伐採などの人為圧を制限することが有効な手段の1つである．Nakao et al.（2013）は，温暖化によって変化するブナの潜在生育域と現在の自然保護区域を重ねることで，将来の適応策の可能性を評価した．それによれば，東日本や北海道では保護区域の配置見直しによって，減少するブナの潜在生育域を保全することができる地域が多数見られた（**図 8–9** の緑色の部分）．その一方で，潜在生育域が大きく減少すると予測された西日本では，保護区域の配置見直し可能な地域はほとんど存在しないと予測された．よって，西日本のブナ生育域では，保護区の再配置以外の適応策が必要となる．地域絶滅が心配される場合には，遺伝子資源保護の目的で，植物園などでの生育域外保全が必要となるかもしれない．

（松井哲哉・田中信行）

第9章　森林地域のスキー場開発

9–1　はじめに

日本の山地の多くは森林に覆われている．また，スキー場は一般に山地に存在する．つまり，ほとんどのスキー場は森林内に立地しているのである．冬季にスキー場を遠くからみると，森林の中に直線あるいは曲線状に刻まれた白色のスキーコースを確認できる（**図 9–1**）．また非常に狭い直線状の伐採跡もあり，これはリフトやロープウェイの存在を物語っている．一方，春季や夏季にスキー場を眺めると，青々とした森林内に，緑色（牧草）のスキーコースを認識することができる（**図 9–2**）．

本章では，森林地域におけるスキー場開発についてさまざまな点から解説する．まず，日本のスキー場がどこに分布するのかを，広域的に，さらには垂直的に概観する．次いで，この結果についてオーストリアとの比較を試みる．さらに，

図 9–1　群馬県の尾瀬岩鞍スキー場（2007 年 2 月）（口絵 I–1）

図 9–2 長野県の志賀高原西館山スキー場（2007 年 5 月）
（口絵 I–2）

スキー場という人工的な空間がどのように成立したのかを明確にし，開発で生じた環境問題とともに森林内のスキー場開発の意味を考えていく．

9–2 日本におけるスキー場の分布

9–2–1 広域的分布

日本では，国土のすべてにスキー場が分布しているわけではない．**図 9–3** は 2000 年のスキー場の分布を示したものであり，日本全体で 612 カ所のスキー場が存在した．この図によると，日本のスキー場は，地域的に偏って分布していることが明らかである．全体としては，日本海側に集中する傾向がみられる．さらに，西日本に比べて東日本で分布密度が高い．またスキー場の規模に注目すると，大規模なスキー場は中央日本，すなわち群馬県北部，新潟県西部から長野県北部にかけての地域に集中している．東北地方と北海道では，それらは点在する傾向にある．東北地方では奥羽山脈に沿って，さらに北海道では中央部とニセコ周辺に大規模スキー場が存在する．一方，西日本では，小規模なスキー場が卓越している．

なぜ日本のスキー場はこうした地域的分布を示すのであろうか．説明要因として，大きく三つ挙げることができる．第一に，積雪の要因がある．周知の通り，

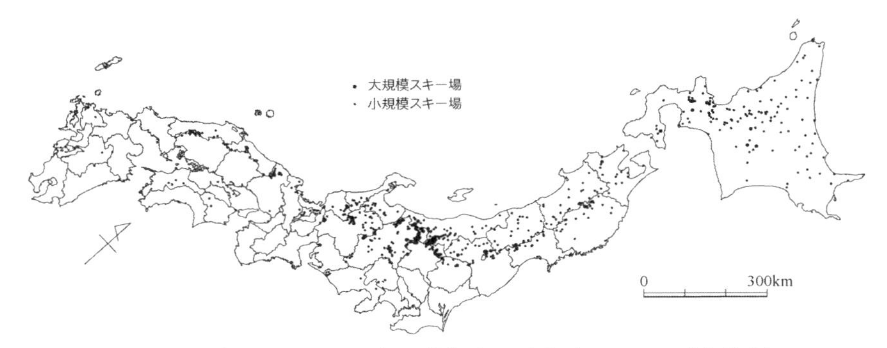

図 9–3　日本におけるスキー場の分布（2000 年）（Kureha, 2008 より改変）

日本における積雪は日本海側の地域に集中する特徴を有する．この傾向と**図 9–3** とを比べると，かなりの類似性が認められる．つまり，スキー場が存在する地域は，最深積雪量が 50 ～ 100 cm 以上の地域とほぼ一致する．また，この傾向は積雪日数が 90 日以上の地域ともほぼ一致する．しかし，いくつかの例外も存在する．その一つは，人工雪の利用によって，積雪量が少ない地域でもスキー場が立地しうることである．その典型的な地域は八ヶ岳山麓である．もう一つは，積雪量が多いにもかかわらずスキー場が存在しない地域があることである．例えば，新潟県と福島県の県境地域では日本最多クラスの積雪がみられるものの，スキー場はほとんど存在しない．その理由は，積雪量が多すぎるとアプローチが困難でスキー場が成立できないためである．こうした例外の存在は，スキー場の分布が積雪だけでは説明できないことを示唆している．

第二の説明要因は地形である．スキーは斜面を滑り降りる活動であるため，適度な斜面が必要となる．日本の大規模なスキー場は，火山山麓に立地するものが多い．ニセコ，蔵王，磐梯山，苗場，妙高などの火山山麓には多くの大規模スキー場が存在する．そこでの傾斜断面は，下部ほど緩やかで，また上部に行くほどきつくなり，この形態がスキー場として優れているのである．さらに，侵食の進んだ壮年期山地においても志賀高原や野沢温泉のようなスキー場がみられる．その一方で，著しく標高の高い山地にはスキー場がそれほど多くない．例えば日本アルプスと呼ばれる，北，中央，南アルプスには，白馬山麓，乗鞍岳，駒ヶ岳などを除いてスキー場はほとんど立地していない．これは，斜面の傾斜が急すぎること，積雪量が多くアクセスが困難であることに起因する．

第三の説明要因は交通条件である．先述したように，日本のスキー場は中央日本北部に集中する．特に，関越自動車道・中央自動車道沿いの地域には，多くのスキー場が存在する．この集中をもたらしているのは交通条件である．日本のスキー人口の約半分は，東京，大阪，名古屋の大都市圏に居住している．これらの大都市圏からの近接性の良し悪しがスキー場立地の大きな要因の一つになっているのである．特に，東京大都市圏のスキー人口規模は最大で，そこからの近接性が重要である．日本人のスキー旅行形態は，余暇時間の少なさと結びついて，短期間であることに特徴がある．それゆえ，ほとんどのスキー旅行は日帰りまたは 1 泊 2 日であり，長くても 2 泊である．したがって，居住地からスキー場への時間的短さが重要視されるのである．

9–2–2 垂直的分布

これまでは，スキー場の水平的な分布を検討してきたが，ここでは，その垂直的分布に注目してみよう．**図 9–4** はスキー場の高度差を表現したもので，その最低部と最高部の点が直線で結ばれている．西日本から中央日本にかけては経度に沿って東西方向に，東北日本では，緯度に沿って南北方向に示されている．

それぞれのスキー場の最高点に注目すると，中央日本で最高到達点が高いこと

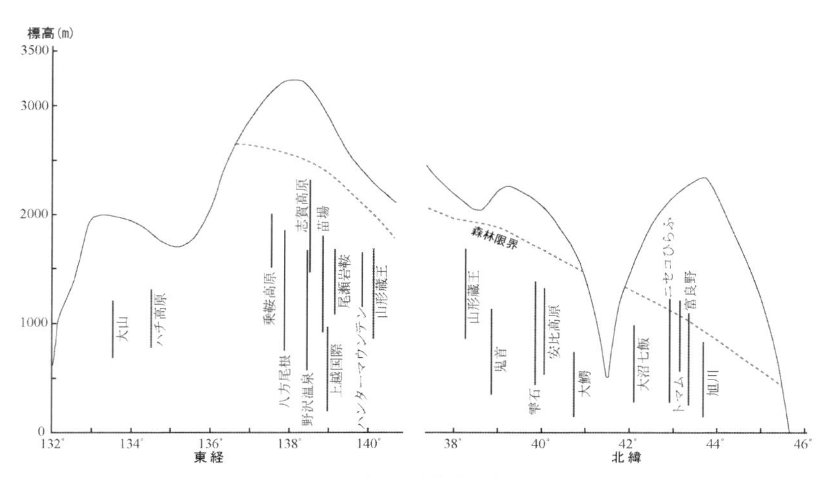

図 9–4　日本におけるスキー場の垂直的分布（Kureha, 1995 より改変）

がわかる．これは日本における山地分布に対応し，2000～3000 m 級の高山が集中する地域では，より高い地点にまでスキー場開発が進行している．山地の標高は，一般に中央日本から西に行くにつれて，さらに北に行くにつれて低下する．スキー場の最高点標高もこれと同様に低下する傾向にある．ちなみに，日本のスキー場での最高点は，志賀高原横手山スキー場の標高 2300 m である．

この図には，森林限界が大まかに示されている．森林限界の標高段階は，山地の標高段階と同様に北に行くにつれて低下する．日本では，森林限界を越えるスキー場はほとんどない．例外は，**図 9–4** に示されたスキー場では，北海道のニセコ，トマム，富良野が挙げられる．一方，これ以外でも八方尾根や横手山の上部では森林限界を越えている．これは，**図 9–4** の森林限界が潜在的なものにすぎず，実際には，その場所の地形や風によって森林限界の高度が上下するためである．つまり，日本のスキー場のほとんどは森林内に立地しているのである．

次に，スキー場の高低差について述べる．これは，スキー場の最高点高度から最低点高度を引いた値で，スキー場の規模を示す一つの指標となる．**図 9–4** に表現した大規模スキー場（例えば八方尾根）でさえ 1000 m にしか達していない．一般的には，スキー場高低差は 500 m 以下である場合がほとんどである．

9–3　オーストリアにおけるスキー場の分布

日本におけるスキー場分布の特徴をより明確にするために，ヨーロッパ中央部に位置するオーストリアについて，その分布を分析する．

図 9–5 はオーストリアにおけるスキー場の広域的分布を示している．ここで表現されたスキー場は，データの都合上，市町村ごとに集計されている．この図を参照すると，ほとんどがアルプス山脈内に存在していることがわかる．そのほかは，国土の北部オーバーエスターライヒ州に位置するボヘミア山塊に若干集中するにすぎない．

索道の輸送能力に基づいたスキー場の規模に注目すると，大規模なスキー場は西部に存在する．それらは，チロル州，フォアアールベルク州，ザルツブルク州南部に集中して分布する．オーストリアではアルプス山脈が東西に細長く連なっている．しかし，その内部は異なる地質構造から構成され，北側と南側は石灰岩質で，それぞれ北アルプス，南アルプスとよばれる．両者に挟まれた中央アルプ

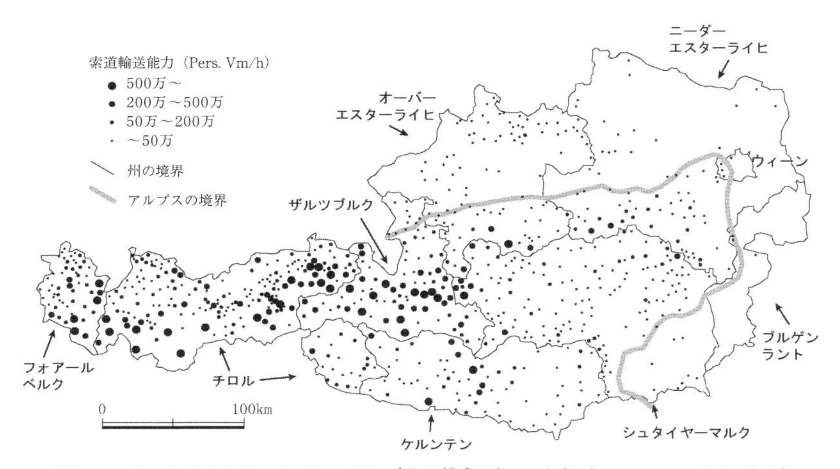

図 9–5　オーストリアにおけるスキー場の分布（1990 年）（Kureha, 1995 より改変）

スは，比較的固い結晶岩質である．北アルプスと南アルプスでは，侵食が進みやすいのに対して，中央アルプスでは標高の高い山々が連続する．こうした高山の存在によって，中央アルプスに大規模スキー場が集中している．一方，北アルプスと南アルプスでは，小規模なスキー場が多い．さらに，国土の東部では，ボヘミア山塊も含めて，小規模なスキー場がほとんどになる．このように，オーストリアでは，スキー場の分布は地形条件に依存する傾向が大きい．

次に，スキー場の分布を垂直的にみる．**図 9–6** は，**図 9–4** と同様にスキー場の垂直的分布を東西方向に示したものである．スキー場の垂直分布は，山塊の標高段階に応じて，東部に行くほど低くなる．その植生に注目すると，基本的には，多くのスキー場は森林内に位置する．一方，大規模なスキー場の多くは，森林限界を越えた滑走コースを有する．オーストリアでは，森林限界はおおむね標高 2000 m 前後に位置し，その上部にはアルム（またはアルプ）が存在する場合が多い．アルムは天然草地からなり，夏季にはウシ，ヒツジ，ヤギが放牧される．立木のほとんどないアルムは，冬季には絶好のスキーコースとなる（**図 9–7**）．さらに，アルムを越え標高 3000 m に達するような地域にもスキー場開発が進行している．特に，1960 年代以降，氷河上にもスキー場開発がなされている．最高点は，ピッツタール氷河スキー場の 3400 m である．スキー場の高低差に注目す

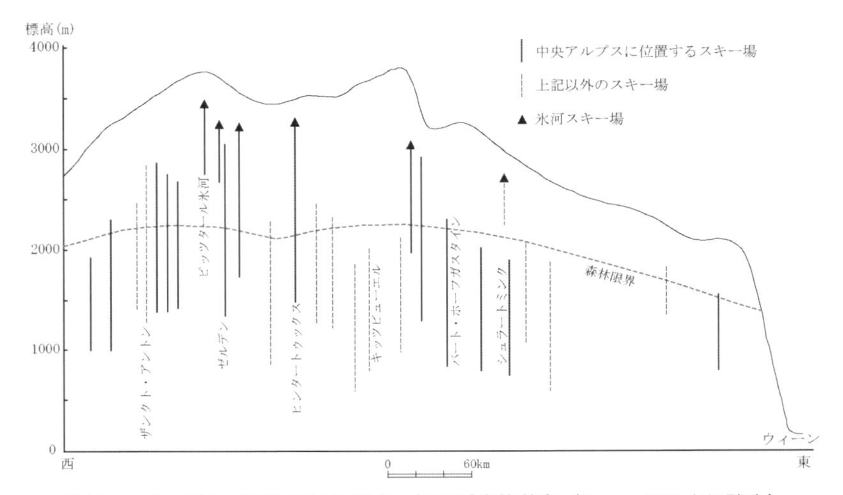

図 9–6　オーストリアにおけるスキー場の垂直的分布（Kureha, 1995 より改変）

図 9–7　オーストリアのゼルデンスキー場上部（1993 年 3 月）

ると，1000 m を超える大規模なスキー場も多く，1500 m を超えるもの（ヒンタートゥックス：高低差 1760 m）もある．

オーストリアにおけるスキー場の分布を日本のそれと比べると，オーストリアでは標高が高い西部の中央アルプスに集中する傾向にある．一方，日本では大都市から近い中央日本の北部に集中する．植生との関連をみると，オーストリアでは，しばしば森林限界を越え，氷河にまでスキー場開発がなされている．それに対して，日本では，ほとんどすべてのスキー場が森林内に分布する．スキー場の高低差からみた規模では，日本に比べオーストリアではかなり大きい．

9–4 スキー場というレクリエーション空間の成立

スキー場の歴史は，過去100年程度でしかない．スキーはもともと中央アジアで発生したと考えられているが，詳細は不明である．ただし19世紀には，世界の中で北欧のみにスキーが存在したことが確証されている．当時のスキーは，基本的に雪上での移動手段であった．19世紀末に探検家ナンセンによるグリーンランド旅行記に影響を受けた数人が，スキーを山岳での登行や滑降に応用させようと試行した．この努力が契機となって，ノルディック技術に対するアルペン技術が成立したのである．

アルペン技術のためには技術習得が不可欠であり，そのための練習場が設けられた．20世紀初頭，その練習場に索道が設置された．1907年にオーストリア最西部のベーデレに設置された索道は初歩的なものであったが，その後の技術進歩とともにロープウェイやチェアリフトが建設されるようになった．こうした索道設置とともに，練習場でのスキーがレクリエーションとして認識されるようになり，練習場がスキー場へと変貌したのである．つまり，スキーの目的は登山・移動手段からレクリエーションへと変化し，これとともにスキー場内でのゲレンデスキーが一般化していった．

上述の内容はヨーロッパでの動向であるが，日本でも同様のプロセスを経てスキー場が成立するようになった．日本におけるスキーの発祥は，オーストリアの軍人テオドア・フォン・レルヒ（Theodor von Lerch）が，新潟県高田（現，上越市）で第13師団の軍人を対象にスキー講習会を実施したことによる（1911年1月12日開始）．その後，軍人以外向けの講習が行われた．その翌年の1912年には，すでに野沢温泉に練習場が設置されている．山岳スキーがあまり一般化しなかった日本では，ゲレンデスキーが急速に発展した．

このように，スキー場はスキー自体の目的が変化したために誕生したのである．スキー場とは，一般に自然環境内の限られた空間であり，日本の場合，上述のように，森林内に存在している．また，リフトが設置され，快適に滑走できるように地形改変したコースからなる人工的空間でもある．さらに，飲食施設，場合によっては宿泊施設などの都市的な施設を有するファッショナブル空間という性格も有する．

このような性格をもつスキー場の開発はいくつかの理由によって大きく進展してきた．第一には，スキー場は重要な観光資源となることである．つまり，スキー場の存在は，その地域に観光客を惹きつける重要な手段になる．第二は，スキー場開発が地域振興につながることである．開発したスキー場によって，その地域のスポーツ振興がなされるという構図である．さらに，スキー場経営は多くの雇用機会を発生させるため，その周囲の地域では冬季の雇用機会が増えることになる．第三に，スキー場経営は観光事業となりうることである．つまり，その建設や平常の経営にかかるコストを上回る収入（大半はリフト券代）があれば，利益が生じ，事業となるのである．このようにして，多くのスキー場が開発されてきた．しかし，森林内に人工的な空間を設置するというスキー場開発は，自然環境に多くの影響をもたらしてきた．次項では，スキー場の環境問題について述べる．

9–5　スキー場と環境問題

9–5–1　森林伐採の影響

すでに強調したように，日本のスキー場は森林内に存在する．したがって，スキーコースは，林間コースになるのである．これは，オーストリアをはじめとするヨーロッパのスキー場との大きな違いである．林間コースを造成するためには，必ず森林伐採を伴う．その結果，自然環境は大きく変化し，全体として生態系の乱れをもたらす．さらに，貴重な動植物の減少・消滅が生ずる可能性も大きい．日本では1970年頃までは，温泉地や農業集落の背後にある立木の少ない斜面にスキー場が開発される場合が多かった．しかし，それ以後は既存の集落から離れた奥山にスキー場開発が進行した．その結果，より繊細な生態系を有する地域において自然環境の乱れがみられるようになった．

9–5–2　人工降雪

日本において多くのスキー場が立地する森林帯は，亜高山帯などに比べて標高が低いため温度も高くなり，特にその標高が低い地域では積雪が不安定になる傾向がみられる．さらに，現在，異常気象もしくは地球温暖化の影響で，世界各地で積雪が不安定な状態が頻発している．こうした状況下，安定した積雪を求め，人工降雪の利用が増加している．もともと人工雪は，1940年代にアメリカで発明された（ただし人工雪の原理を発明したのは中谷宇吉郎）．人工雪の原理は，細かくした水滴を，氷点下の空気中に散布すると，雪の結晶が形成されるというものである．

日本では，1960年代初めにヨーロッパ製のスノーマシンを用いて軽井沢のスキー場で導入されたが，技術が未確立で安定した人工雪を得ることができなかった．その後，六甲山，富士山，八ヶ岳山麓のスキー場で若干利用されたにすぎなかった．人工雪利用が本格化するのは1980年代半ば以降のことである．その背景には，造雪・積雪技術の進展がある．その結果，自然積雪が少なくても，スキーに適した斜面と，人工雪の降雪が可能な低温があればスキー場開発が可能になった．この時期はスキー場開発ブーム期とも重なり，大都市圏に近接した山地では，多くの日帰りスキーヤーを集めるスキー場開発がなされた．

人工雪は，そうした寡雪地域におけるスキー場立地を可能にしただけでなく，積雪地域におけるスキー場にも大きな恩恵をもたらした．それは，早期営業や年末年始における積雪確保を可能にしたことである．11月や12月初旬における早期営業は，集客の向上につながり，また知名度を向上させる．スキーは冬季のみに可能であるため，スキーヤーが半年以上活動できなかったスキーを再開する初冬が重要なのである．それに対して，春スキーは，数カ月スキーをしたあとであるため重要性はかなり減少する．一方，年末年始は，休暇となるため多くの観光客がスキー場を訪れるピーク時期となる．この時期に積雪がないと，かき入れ時を逃してしまうことになる．さらに，人工雪の使用によって雪付きの悪いゲレンデの補修ができるというメリットもある．これはスキーシーズンの長期化につながり，またスキー板のエッジによる植生への影響を抑えることが可能になる．

一方，気温が氷点下にならないと，人工雪をつくることは不可能である．地球温暖化の影響下での高温傾向は，従来の人工雪使用を制限することになる．そこで，新たな人工雪も開発されてきた．それは巨大な冷凍庫で氷を製造し，その氷を細かく砕いて斜面上に散布するもので，人工造雪と呼ばれている．これを用いると，氷点下にならなくても積雪が可能となる．もちろん，気温が高ければ，積雪の持続時間は短くなる．

しかし，人工雪による悪影響も指摘されている．それは，水環境の変化に代表される．単純には，本来の降水量以上の降水を発生させるため，生態系の変化は必至である．また，人工雪を降らせるためには大量の水が必要となる．一般に，積雪地域では，冬季には沢の流量はかなり少ない．つまり，スキー場内の河川からの直接取水は不可能である．そのため，巨大な貯水池の建設が必要となる．この貯水池には，スキー場以外の流域，つまり他の水系からも取水される場合が多い．その結果，水環境の変化をもたらす．

9–5–3　融雪防止剤の使用

スキー場にとって積雪は最も重要である．しかし，高度的に森林帯でかつ標高の低位段階に位置するスキー場では，2月後半以降になると，気温が上昇し，融雪が進むことになる．この融雪を抑制するものが，融雪防止剤である．かつては塩化ナトリウム，つまり塩が利用されていたが，1974年に環境庁の働きかけで利用は中止された．その後は，これに代わって硫安（硫酸アンモニウム，窒素系の化学肥料）が用いられるようになった．硫安は水に溶けるときに周囲の熱を奪う性質があり，融雪を防ぎ雪面を固める効果がある．そのため，スキー競技のコース整備にも頻繁に利用される．データはやや古いが，1993年，国立公園内にあるスキー場の7割程度で硫安の使用がみられた．

硫安は一般には農地に利用されるものであり，生態系への影響は小さいように思われるが，スキー斜面に散布される量が問題となる．その使用量は10 aあたり600 kgとされ，これは農地への標準使用量の数倍である．これによって複数の影響が現れている．一つには，スキーシーズン後の農業用水における水質の変化であり，硝酸イオンおよび硫酸イオン濃度がかなり上昇することが報告されている．さらに，スキーコース内の牧草の肥大化をもたらしている．既述のように，日本のスキーコースは林間コースであるため，森林伐採後は，土壌流出を防ぐため牧草によって被覆される．硫安の大量散布によって，この牧草が肥大化し，その背丈は非散布地域の1.5倍に，牧草の乾燥重量は2倍に増加する．また牧草が肥大化すると強風で倒れる場合が増え，その維持のためにさらなる整備が必要になる．

9–5–4　地形改変と圧雪車による影響

スキー場で滑降していると「快適」と感じるであろう．この快適さは人工的につくり出されたものである．つまり，多くのスキーコースの地形は人工的に改変されているのである．快適なスキーコースのために，ブルドーザーにより凸斜面を削り，凹面に土壌を客土し，斜面の凸凹を少なくしている．これによって土壌生態系の乱れがもたらされる．特に高山の森林帯の土壌は薄い場合が多く，そこを人工的に削ると，基盤岩が露出する場合もある．そうなると，雪が積もりにくくなるという悪循環も生ずる．

さらに，快適なスキーコースを整備するために，圧雪車の利用頻度が高まっている．巨大な圧雪車が頻繁に移動する下の土壌は，大きな圧力を受ける．その結果，土壌生態系の乱れが誘発されている．

9–5–5　森林の環境保全に向けて

以上のように，スキー場という人工的な空間を森林内に整備するためには，多くの環境問題が付随する．しかし，600 カ所以上のスキー場がこれまで開発されてきたのである．もちろん，開発を規制する法令は複数存在する．森林法や自然公園法などによって森林は守られてきたことも事実ではある．問題は，これらの法令に「抜け道」があることである．例えば，水源かん養保安林に指定されていたとしても，砂防ダムを設置することで，その指定が解除され，スキー場開発が可能になるのである．また，1980 年代後半から 1990 年代初頭に存在したリゾート開発ブーム期には，総合保養地域整備法（通称，リゾート法）が施行され，開発のために法令の規制緩和が実施された．

スキー場開発をめぐる森林の環境保全にとっての幸運は，1990 年代半ば以降，スキー場開発が停滞していることである．大規模な新規開発はまったく存在せず，リゾート法に基づく開発もほとんど休止されている．さらに，閉鎖されるスキー場や休業中のスキー場は 150 カ所程度に達する（2007 年）．こうした時代背景のもと，新たな環境問題の拡大はみられない．しかし，こうした時代にこそ，スキー場の環境問題を考えるべきであろう．

9–6 おわりに

日本には，2014 年現在，500 カ所程度のスキー場が存在する．1993 年頃以降，スキー人口の減少が著しく，特に若者のスキー離れが顕著である．その結果，スキー場経営には多くの問題が出現し，経営会社の倒産や転売がみられる．こうした経営悪化や地球温暖化傾向下の積雪不足などに基づいて，閉鎖されるスキー場も多い．しかし，スキーは魅力あるレクリエーションであり，またスポーツであるという性格は不変である．こうした側面を活かしたスキー場の方向性を考える必要があろう．同時に，現存するスキー場において環境への負荷をできるだけ少なくすることが，スキー場の持続的発展には不可欠である．例えば，スキーを雪上でのさまざまなレクリエーションの一つと捉え，クロスカントリースキー，林間を滑るネイチャースキー，ソリ，かんじき（雪靴）ツアーなどと共存させる形態も考えられる．

そのさい，日本のスキー場は森林内にあるという特長を活かした戦略が望まれる．スキー場は確かに人工的な空間ではあるが，その周囲には貴重な自然林がある場合も多い．こうした自然林の姿を変えることなく，スキーと関連づけられないだろうか．このように，森林とスキーとをうまく結びつけたレクリエーション形態の開発が必要であると思われる．特に，自然環境の保全を強調しつつ教育的な内容を含みながら，観光業の持続的な側面を重視するエコツーリズムの導入は，今日のスキー場経営に不可欠であろう．例えば，スキー学校の教師や地元住民が中心となって，環境に優しいスキー場を考えることができる．彼らがエコツーリズムで重要な柱となるインタープリター（案内者，解説者）になり，スキーガイドだけでなく，森林環境のガイド，さらには地域文化のガイドになるのである．

（呉羽正昭）

第10章 文学にみるロシアの森林

ロシアの広大な森林は，人々の生活の営みにとても大切な要素となっている．ロシア人の日常生活と森林は密接に関わっており，森林に言及することなくしてロシア人の実生活の息吹を感じたり，慣習，文化，さらには社会の動向さえも理解したりすることはできないのかもしれない．今日のロシアは，モスクワ市やサンクトペテルブルク市などの都市部を中心に経済的に大きく発展し，人々の生活は便利で快適なものに改善されている．効率的で合理的な都市文明は，多くのロシア人の日常生活を一変したのは間違いない．

しかしその一方で，ロシア人たちは休日となれば，郊外の森林に足を延ばし，自然を満喫している．ソ連時代の1970年代，当時のブレジネフ政権下で例えばモスクワ市内の70％の世帯が郊外にダーチャ（別荘）を取得しており，共産党政権は人々に自然との交わりを促進していた．今日どんなに都会の安楽な生活が人々を魅了しても，ロシア人は心底，それを楽しむことはできないようである．ロシア社会で急増している富豪の中にさえ，郊外の森林の中に豪奢な邸宅を構える人がいる．

広大な国土に広がる森林はそれ自体，生物学的な研究の重要なフィールドになる．ロシアの森林はロシア一国の財産ではなく，その保存は全地球的なテーマである．だが本章ではロシアの森林に関する生物学的な分析ではなく，ロシア人の精神生活に深く関わる森林について考えてみたい．ロシアについては文学，芸術，政治，経済などさまざまな観点から研究されているが，じつは森林と人々の生活の関わりについて考察した書物はほとんど見当たらない．

10–1 世界最大の森林の国

ロシアの森林が近年，ロシア国内だけではなく日本でも地球環境保全の観点からその重要性が指摘されるようになっている．ロシアの森林は世界に広がる森林の20%の面積を占めており，そのありようはもはや一国のものではなく，全地球的な問題である．

世界の最大の国土をもつロシアの面積は，じつは南米大陸の広さに相当し，日本の国土面積の約45倍，アメリカの1.7倍に及ぶ．そのロシアに分布する森林について，概観しよう．モスクワからみて南方に位置するヴォルガ地方から北カフカースには原生針葉樹林が広がり，氷河湖や美しい谷間には渓流や療養泉が点在する．この地帯には，ロシア人のためのたくさんの保養所が開設されている．ヨーロッパとアジアを隔てるウラル山脈には険しい山岳地帯が広がり，莫大な地下資源の宝庫と称されている．マツ林，ヤマナラシ・シラカバ林，シベリアマツが混在するトウヒのタイガ，森林ステップも一部に広がる．森林にはリス，テン，ユキノウサギ，キツネ，ヘラジカ，ヨーロッパオオライチョウ，エゾライチョウ，ヌマライチョウ，クロライチョウなどの動物が生息している．

ロシアの北方は北極圏に属しており，永久凍土が大半を占めている．ここはいまでも謎に包まれた未知の地帯で，手つかずの深い森，樹木が生育しないツンドラが分布し，広大な河川が南から北に注いでいる．

ウラル山脈から東はアジアと称され，行政区としては西シベリア，東シベリア，極東と区分けされている．この全面積はアジアの40%の面積を占めており，西はウラル山脈，東は太平洋，北は北極海，南はカザフとモンゴルのステップに接している．この一帯にはツンドラ，森林ツンドラが分布し，シベリアの半分を占めるタイガ，山岳タイガ，森林ステップも広がる．中でもロシア，カザフスタン，モンゴル，中国の領土にまたがるアルタイ山脈の山岳地帯の森林には，モミ，シベリアマツなどのマツ科の樹木が生い茂り，ところどころにトウヒ林，マツ林がみられる．シベリアマツの中には，樹齢600年に達する老木も残っているようである．この山岳地帯の森林にはアカジカ，ジャコウジカ，ヒグマ，オオヤマネコ，クズリ，とても稀少なユキヒョウなどが生息している（Гладкий et al, 2003г).

このように広範に分布する自然を身近に実感する機会は，私たち日本人にはそう多くない．比較的に容易な方法としては，ウラジオストックからシベリア鉄道に乗り，ハバロフスク，イルクーツク，エカチェリンブルクを抜けてモスクワまで行くのがよいだろう．すでに紹介したようにロシアの広い国土の大部分は森林と平原，川で占められており，シベリア鉄道の車窓から広がる風景はそれらの無限の繰り返しに感じられる．道は平原を切り裂くように，地平線を目指してまっすぐに延びている．ときどきその道沿いに小さな集落が広がるが，広大な森林の中ではまさに点にしかすぎない．

10–2 森林をテーマにするロシア文学

人間を圧倒する広大な自然はときにはロシア人の心を魅了し，ロシア文学の源泉となっている．大自然こそが，ロシア文学の多くの古典作品を生んでいるといえる．ロシア人が好んで読む作品の一つに，ロシア文学の父と称されるプーシキンの『オネーギン』がある[i]（プーシキン，1962）．この作品はオペラとしても上演されており，人気の高い出し物となっている．

農村に住む主人公のオネーギンは，深い森林に囲まれた生活を送っている．彼は大自然に圧倒され，人間のありように深く思索することになる．その一節を紹介しよう．

> オネーギンは，空ろな心をもてあましつつ，他人の知恵を我が物にしようという殊勝な目的で，ふたたび机に向かって見た．書棚に本をずらりと並べ，読んで読んで読みまくったが，やっぱり何の役にも立たぬ．退屈と，欺瞞と，たわ言があるばかり．良心もなければ意義もない．どの本にもさまざまな束縛が透けて見える．昔の本は時代に遅れ，新しい本は昔の幻を追っている．彼は書物も女のように捨ててしまい，書棚に——そのほこりだらけの家族もろとも——琥珀織の喪布を掛けてしまった．

無限に広がる大自然を前に，主人公のオネーギンは学問を即物的で欺瞞に満ちたものと切り捨ててしまう．どんなに書物をたくさん読んでも，心が満たされることはなく，それらは自然を前にすると虚ろに感じられて，良心にも欠けていると断じる．逆にいえば，オネーギンは自然を前に人間の限界を認識し，率直な気持ちになっているのであろう．

こうしてオネーギンは，人間の「無為」に苦悩を深めることになった．怠惰に時間を過ごし思索にふけるオネーギンは，この作品のクライマックスの場面の一

---

i　主人公のオネーギンはロシア文学に特徴的な「余計者」の原型として評されている．

つ，熱い恋心を綴った「タチヤーナの手紙」にも心を揺さぶられることはなかった．

プーシキンがオネーギンを通して問いかけているのは，大自然を前にした人間の作為の有効性である．人間にとって本当に価値のあるものは何であろうか．毎日の生活の中で本当に有意の行為とは何かを質そうとしている．プーシキンは，例えば良心と悪意，真実と偽物の区分が曖昧で，多くのロシア人が悪意を良心と取り違える事象に遭遇することが多い．オネーギンを通して，根源的な価値を模索しているのかもしれない．

10–3 森林に守られるロシア

このようにプーシキンは森林を前に人間のありようを考察しているのであるが，ロシア人が森林に畏敬の念を抱いている理由はほかにもある．それは，深い森林がロシアを外敵から守ってくれるからである．森林に迷い込むと，抜け出ることは容易でない．しかもナポレオンのように厳寒の時期にロシアを侵攻すると，真っ白な風景に方向感覚を失ってしまう．日本のような島国は海が外敵から守ってくれると考えられてきたが，外国と陸続きであっても森林で囲まれているロシアは外敵にとって脅威の国に映るようである．

ロシア人に人気の高いグリンカ（1804～1857年）のオペラ「イヴァーン・スサーニン」は，深い森林によって外敵の侵攻を防いだ物語である[ii]．グリンカはロシア近代音楽の父と称され，少年時代に祖国戦争を体験しており，のちに彼の音楽活動に大きな影響を与えたようである．

「イヴァーン・スサーニン」はボリショイ劇場で人気の高いオペラの一つになっている．初演は1836年で，ソ連時代にも途絶えることなく演奏されていた．あらすじは次のようなものである．

> 17世紀初頭にポーランド軍がロシアに侵攻してきた．主人公の老人，イヴァーン・スサーニンはロシア皇帝を探すポーランド軍に対して，モスクワ

---

ii　1836年に完成したこの曲をニコライ一世は「皇帝に捧げる命」と命名したが，ソ連時代の1939年に「イヴァーン・スサーニン」と改題された．

への道案内をするかわりに賄賂を要求し，皇帝の隠れる場所まで案内すると約束する．スサーニンは，ポーランド軍に信じ込ませるためにお金を要求したのである．

スサーニンは深い森林の中にポーランド軍を誘い込み，ポーランド人たちは吹雪で疲労し休むことになった．そこで兵士たちは，自分たちを全滅させるために深い森の奥に連れてこられたことに気づくことになった．スサーニンは，兵士たちに「ワシがお前らを連れてきたこの森は，灰色の狼さえ避けて通るところ」と打ち明ける．つまり，もうこの密林から脱け出すことはできないというのである．スサーニンは自分の死が近いことを知っており，神への祈りを捧げる．スサーニンは悲痛なアリア「さし昇る太陽よ」を歌い，ポーランド兵士に殺される．

たった一人の農夫と森林がロシアを守った偉業を，グリンカは「イヴァーン・スサーニン」というオペラに仕立てた．ただ1836年に作曲されたこの曲は当時，「皇帝に捧げた命」という題名であり，皇帝はまさにロシア国家そのものと考えられていた．グリンカは先のプーシキンと交遊を結んでおり，ロシア人としてのアイデンティティーに芽生え，ロシア的な色彩の濃い民族音楽を構築した最初の作曲家である．初めてロシア的な音楽を作曲したといわれるグリンカの作品はその後，ロシア国内のスラブ派のクラシック音楽に多大な影響を残すことになった．

10–4 森林は「死者たちの世界」

この「イヴァーン・スサーニン」のオペラからわかるように，ロシア人は森林のかなたには「死者の世界」が広がっていると考えている．一度迷い込むと，抜け出ることは簡単でない．そのような森林に囲まれて生活するロシア人にとって，森林は単なる自然ではない．いまでもロシアに住む老人の多くは，臨終にさいして森の中に行こうとする．その森は，自分の祖先が待ち受ける異界なのである．死を前にする一人の老人の様子を1990年，孫が「おじいさんの旅支度」と題して以下のように証言している（栗原，2002）．とても不思議な空間が伝わってくる．

おじいさんは絶えず歩きまわったり，腰をおろしたり，部屋の隅をじっと見つめたりしていました．隅をじっと見つめながら「ねえ，おまえ，見てごらんよ」と言うんです．わたしはおじいさんに言いました．

「おじいちゃんはいつも部屋の隅を見ているけど，誰を見ているの？じっと見つめたりして」

「見てごらん，なんてきれいな花なんだろう．ほら，この花を見ているんだよ」とおじいさんは言いました．

わたしはおじいさんを怒らせてはいけないと思い，「そうね，ほんとね，なんてきれいな花束なんでしょう．ほんとうにきれいだわ」と言って，自分もそこを見ていました．わたしが見ていると，おじいさんは言いました．

「見てごらん，あの柳の木を（家の前の道の向こう側には柳の木がありました）．どういう風の吹きまわしであいつら来たんだ．馬に乗ってきて，馬を柳の木につないで．ごらんよ，百姓たちがやってくるところを」

このように死を前にする祖父と孫の会話は，噛み合わない．祖父は，死者の世界としての森林を見つめているのであろうか．

「作業カードをどこへ置いた？」

「なんのカードですって？」

「ほら，もううちの連中が来ているよ」

「うちの連中って？」

「うちの村の連中全員だよ」

「どんな人たち？」とわたしはききました．

「死んだ人たちだよ」とおじいさんは言って，死んだ人々の全員の名をあげました．

「連中はわしを呼びに来たのさ」

「その人たちはおじいちゃんをどこへ呼び出すの？」

「木材調達のためだよ」

「それで，おじいちゃんはその人たちになんと言ったの？」

「わしは，木材調達の用意はできている，と言ってやったよ」

「それで，その人たちはなんと言ったの？」

「連中が言うには，上からの命令はまだ出ていない，命令がくだり次第，わしらはお前を迎えに来る，のだとさ」

〈…中略…〉

おじいさんは「アッリャ，アッリャ」と言うばかりです.「満足だ，満足だ」という意味なんです．涙がいくすじもおじいさんの頬をつたわり——そしておじいさんは死にました．準備万端ととのえて——枕の下に香水やオーデコロンまで置いていました．

「さあ，おじいちゃん，存分に涙を流しなさい」

わたしはおじいさんの体をアルコールで拭いてあげました．

モスクワ市の北500 kmに広がるノヴゴロド地方に住む孫の実話である．老人は臨終を前に，「森のかなたは死者たちの世界」が広がっていると確信する．彼はかつての仲間たちが迎えにくると信じており，旅支度を始める．そして死後，その森の奥に行くものと思っている．老人の先祖や村の仲間たちはふだん，目の当たりにしている森林の奥にいて，自分を誘いにくる．森林は死後の世界であり，それは日常生活のかなたに連なっている．この老人にとって，生と死の間には大きな溝が横たわっているのではなく，日常生活の延長に死の世界をみているのである．死は恐怖ではなく，まして敗北でもない．それを，現世の果てに位置づけているようである．

10–5 森林と学問

ロシアの多くの村に，必ず大きな落葉松（カラマツ）が立っている．カラマツとはマツ科の落葉高木であり，東日本でも広く植林されている．高さは20 mほどに達し，日本では5月頃に単性花を開かせる．材は樹脂に富み，耐久・耐湿性があり，家屋の土台や電柱，船舶に用いられる．樹皮はタンニンを含み，染料として用いられる．ロシアの村ではカラマツは伝説の巨木としてあがめられており，村人にとっては「天」「地」「地下」の三つの空間を結んでいる，いわば「宇宙樹」と考えられている．まさに，時間を超越する自然の営みが循環していく「永遠の象徴」という認識である．

カラマツにまつわる村人たちの生活ぶりを描いたのが，ロシア人の作家ラスプーチンの作品『マチョーラとの別れ』である[iii]（ラスプーチン，1994）．ラスプーチンによれば「村人たちは，復活祭にご馳走をお供えし，威風堂々たるカラマツは村人にとっては，キリスト教と異教の混じった畏敬の対象」である．いまでも村人たちは遠くに出かけるときにはこのカラマツに手を当てながら出発を告げ，帰宅にさいしても無事を真っ先にカラマツに報告する．

『マチョーラとの別れ』の中にはボゴトゥールという名前の老人がおり，カラマツの現人神のような存在である．彼のごつい足は，木の枝や根が鳥の足のように枝分かれしているかのような形状をなしており，彼の頑固で確信にみちた言動は一見，時代遅れの変人のように感じられる．合理主義者や近代主義者にとっては訳者が解説で指摘するように，まさに手に負えない人物なのである．近代主義者には，その老人は頭のおかしい，いわば時代から取り残された野蛮な老人，貧しい身なりの狂人にみえるのであるが，村人には異教的な森の霊をもっているように思える．ロシア人にとって森林信仰は，ロシアが受容したキリスト教以前からの精神的な基盤であり，そのうえにそそり立つのがまさにその老人の姿なのである．

このような森林生活はじつは，ロシア研究者の学問的な営みや独創的な着想に多大に貢献している．ロシア人の学者たちは，神秘的な森林が大好きである．その事例を紹介すると，2006年に数学者のグルゴーリー・ペレーリマンは，数学界のノーベル賞といわれるフィールズ賞を受賞することになった．当時40歳の若手の研究者がポアンカレ予想の解決に貢献したというので，世界的な話題になった．アメリカの財団クレイ数学協会が賞金100万ドルを懸賞金として提供することになっており，その額の大きさにも注目された．だが，ペレーリマンはフィールズ賞も懸賞金も辞退した．

彼はサンクトペテルブルク市郊外の森の中で元教師の母親と2人で暮らしているといわれている．彼はほとんど人前に姿を現すことがなく，趣味は森の中でのキノコ狩りである．生活費は母親の2万円ほどの年金だけであるが，「暮らしには十分に満足している」とかつて勤めていた研究所の教授に漏らしたという．ペレーリマンは名誉よりも，さらには多額なお金よりももっと大切な価値を大切にしている．それは森林の中での静謐な生活であり，その単調な毎日が彼の独創的

---

iii　訳者の解説も参照されたい．

な着想の源泉となっているからである．

そういえば，ドイツの著名な社会学者，マックス・ウェーバーが『職業としての学問』の中で論じているように，研究者の仕事ほど「偶然によって左右される」ものはないといいきっている（ウェーバー，1936）．「近頃の若い人たちは，学問がまるで実験室か統計作成室で取り扱う計算問題になってしまったかのように考える」が，「『霊感』は，学者にとって決定的なものである」と主張している．この霊感はロシア人流にいえば，深い森林に横たわり，深夜天から降りてくるのかもしれない．先にオネーギンが森林の中で人間の無為に苦悩したことを紹介したが，この無為の苦しみの中から独創性が生まれるのであろう．

（中村逸郎）

第 11 章　森林の管理と利用

11–1 はじめに

私たちに課せられていることは，生態系を適切に保全しつつ再生可能な自然資源を有効に活用することである（立花，2003）．それは正に自然資源の持続性の実現への取り組みであり，その推進により私たちの目指す「循環型社会」や「低炭素社会」の実現に結び付き，ひいては「持続可能な社会」が具現化していくと期待される．本章の目的は，森林がどのような資源であるか，それが有する特質や機能・役割がどのようなものかを解説し，それを踏まえて望まれる管理や利用について講述することである．

自然資源には再生可能なものが少なくなく，それらを適切に保全・活用するならば一定水準の質と量を継続的に保つことができる．地下に埋蔵されている化石燃料や鉱物資源等の枯渇性資源の消費には，二酸化炭素の排出や加工過程での多量のエネルギー消費が伴い，地球温暖化等の環境悪化を生じさせるという負の側面があることから，再生可能なあらゆる資源を保全しつつ適切に活用する社会を構築することが私たちには求められているのである．

11–2 森林とはどのようなものか

森林の世代交代（更新）の仕方としては，萌芽や下種等による天然更新と，植林や播種という人為による人工造林とがある．更新の仕方と人為の程度により，森林は**図 11–1** のように分類できる．過去に人為の加わった記録も重大な自然災害の起こった痕跡もない森林が原生林であり，それに人為や重大な自然災害等の認められる森林を含めたものが天然林となる．天然林が伐採された後に，人為によって造林が行われた森林を人工林と呼ぶ．伐採や自然災害の後に天然更新した

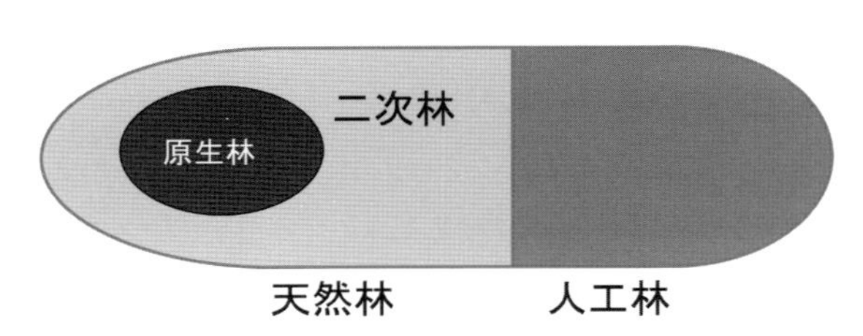

図 11–1　人為と更新からみた森林の分類

森林のことを二次林ともいう．

身近なところに草本が毎年生えることから想像できるように，条件が崩れない限り天然更新により天然林は再生し，人為により再造林することによって同様な人工林を造成することができる．だが，世界的に進行する熱帯林減少（地球環境戦略研究機関監修・井上編著，2003）からも推察されるように，過度な森林伐採や大規模な火入れ開拓等により生態系のバランスが崩れると，それを再生させることは困難となる．

森林資源は，適切な管理により再生させることが可能であり，そのための方策を私たちは考えていかなければならない．再生可能な森林資源は，適切に保全・活用するならば一定水準の資源の質と量を継続的に保つことができ，自然資源の効率的な利用やリサイクル，リユースを行う循環型社会の実現には不可欠な資源である．例えば，森林資源から産出される木材は，住宅や大型建築物の建築用材等として利用され，一定年数使用して解体した後には古材として再利用したり，繊維板等の木質ボード材を用いた家具等に再加工したりすることが可能であり，最終的には燃材としてエネルギー源にすることもできるのである（木材のカスケード利用）．

11–3 森林の有する多面的機能

森林には，公益的機能と生産機能とからなる多面的機能がある．森林には木材等を産出するという生産機能の他に，土砂災害防止・土壌保全や水源涵養，保健・文化，生物多様性および遺伝資源の保全，炭素固定や化石燃料の代替をはじめ，種々の公益的な機能および役割がある．森林の機能は，地理的には地球規模から特定の限られた地域まで種々あり，またそれを享受する消費者の範囲は地理的規模にほぼ連動して大小がある．

日本学術会議（2001）は，多面的機能を森林の生物性に関わる機能，自然環境の構成要素としての生物性・物理性を合わせもつ機能，人々の生活，文化，あるいは歴史性・国民性に関わる機能に大別している．具体的には，①生物多様性を保全する機能，②地球環境を保全する機能，③土壌の侵食を防止し保全する機能，④水源を涵養する機能，⑤快適な生活環境を形成する機能，⑥都市民への保健休養，レクリエーション機能，⑦文化的な諸機能，⑧国内木材生産・バイオマス生産と安心等に分類している（**表11–1**）．発現の仕方やレベルに差はあるものの，大なり小なり私たちの生活に密接に関わっていることは想像に難くない．私たちは，様々に森林資源からの便益を享受しているのである．

公益的機能の主な内容は以下のとおりである．生物多様性保全機能は遺伝子保全や生物種保全，生態系保全等からなり，地球環境保全機能には地球温暖化の緩和や地球の気候の安定がある．また，土砂災害防止／土壌保全機能には表面侵食防止，表層崩壊防止，その他土砂災害防止，雪崩防止，防風，防雪等が含まれ，水源涵養機能は洪水緩和，水資源貯留，水量調節，水質浄化等を指し，災害防止

表11–1　森林の多面的機能

機能	主な内容	定量評価
生物多様性保全	遺伝子保全，生物種保全，生態系保全	不可能
地球環境保全	地球温暖化の緩和（二酸化炭素吸収・化石燃料代替エネルギー），地球の気候の安定	可能
土砂災害防止／土壌保全	表面侵食防止，表層崩壊防止，その他土砂災害防止，雪崩防止，防風，防雪	可能
水源涵養	洪水緩和，水資源貯留，水量調節，水質浄化	可能
快適環境形成	気候緩和，大気浄化，快適生活環境形成（騒音防止，アメニティー）	一部可能
保健・レクリエーション	療養，保養（休養，散策，森林浴），行楽，スポーツ	一部可能
文化	景観・風致，学習・教育（生産・労働体験の場，自然認識・自然とのふれあいの場），芸術，宗教・祭礼，伝統文化，地域の多様性維持	不可能
物質生産	木材，食料，工業原料，工芸材料	可能

注：森林の存在及びその管理活動に付随する機能である．
資料：日本学術会議（2001）p.15

のみならず飲用水や農業用水，工業用水を確保するという面でも重要である．他方，森林は快適環境形成機能として気候緩和，大気浄化，快適生活環境形成（騒音防止，アメニティー）に寄与し，保健・レクリエーション機能として療養，保養（休養，散策，森林浴），行楽，スポーツ等の場を提供しており，日常生活にも密接に関わっている．文化機能には景観・風致，学習・教育（生産・労働体験の場，自然認識・自然とのふれあいの場），芸術，宗教・祭礼，伝統文化，地域の多様性維持がある．さらに，物質生産機能は木材やキノコ等の食料，工業原料等の物質供給の役割である．

日本において，森林の有するこれらの公益的機能を経済評価する試みが1970年代より行われてきている．具体的には，1972年に年間12兆8200億円，1991年には年間39兆2000億円，2000年には年間74兆9000億円という試算結果が林野庁より公表されている．**表11–1**に示すように経済的な定量評価ができる機能とできない機能があるが，森林資源の一部についてだけでもこれだけの価値がある点には留意すべきだろう．

11–4 森林のもつ環境価値の評価

森林の機能については，木材として市場取引される私的財としての側面から，炭素固定や生物多様性保全等の公共財としての側面まで多面的な特質が挙げられる．公共財は，ある人の消費によって他の人の消費が妨げられない消費の非競合性と，料金を支払わない者を排除することが困難な消費の排除不可能性（非排除性）の性質を備えた財をいう．森林にはこういった財としての多面性があるにもかかわらず，市場価格である木材価格は私的財として評価され，市場取り引きされない公共財としての価値が反映されているとは言い難い．例えば，現状では森林再生・保全へのコストが十全には含まれていないと判断される．つまり，私たちはこの部分について対価を支払わずに便益を享受するフリーライダーの性格を有しており，安価に森林の諸機能を享受していると考えられる．あるいは，森林資源の量的減少や質的低下に伴って，次第に諸機能を享受できなくなってきている面すらある．

自然資源の価値を評価することは難しいが，様々な手法が開発されてきた．ここで，森林の持つ環境価値を評価する手法を見ておこう．木材等の直接的な利用価値は市場取引される価格で評価できるが，市場価値が存在しない自然の経済的価値の評価には顕示選好法と表明選好法が用いられる（栗山ほか，2013）．顕示選好法には，環境財を市場財で置換する時の費用をもとにする代替法，対象地までの旅行費用をもとに評価するトラベルコスト法，環境資源の存在が地代や賃金に与える影響をもとに評価するヘドニック法がある．表明選好法には，環境変化に対する支払意思額や受入補償額を尋ねることで評価する仮想市場法（CVM）と，複数の代替案を回答者に示し，その好ましさを尋ねることで評価するコンジョイント分析がある．こうした手法を用いて偏り（バイアス）の生じないよう評価していくことが重要である．

11–5 森林態様の違いによる多面的機能の差異

森林態様により多面的機能は異なってくると考えられる．森林の状態を単純から複雑まで想定し，森林資源の有する便益を環境効果と木材等生産効果とに分けて**図 11–2** を作成した（熊崎，1977）．

様々な樹齢や樹種からなる天然林（**図 11–2** の右端）と一斉造林され単一樹種・単一樹齢の一斉人工林（**図 11–2** の左端）とを想定すると，森林そのものの多様

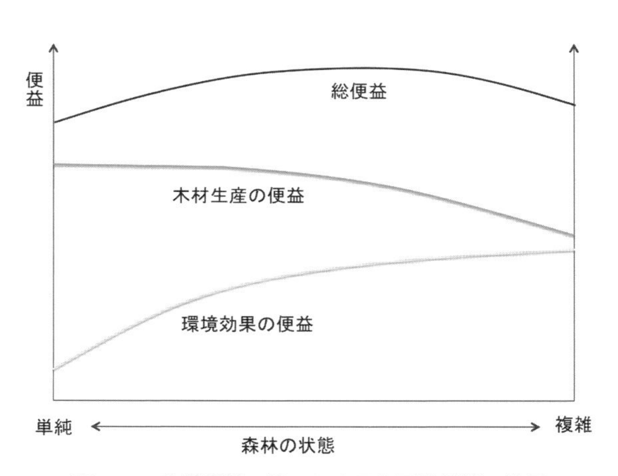

図 11–2　森林態様の違いによる多面的機能の差異

注：熊崎実（1977）図 3–2 を参考にした．

性は異なり，そこで棲息する野生動物も違ってくることは想像に難くない．そこに入り込む野生動物や昆虫も異なり，林内に繁茂する草本や微生物についても差異が生じる．つまり，環境効果という視点で捉えるならば，単純な森林より複雑な森林の方が便益は高くなると考えられる．他方，木材生産という観点で考えるならば，複雑になればなるほど伐採や搬出に多大なコストを要することになるため，木材生産の便益としては単純な森林で皆伐を行う方が高くなるはずである．

また，例えば100 haという面積の人工林を想定した時に，2 haずつの50区画とし，林齢1～50年の区画からなるとすると，その人工林に入り込む鳥類等の動物は樹齢の変化に合わせて異なってくることが知られており，一斉人工林に比べて高い生物多様性を有することになる．また，木材生産という面で捉えると，2 haのまとまりで伐採と造林を繰り返すことができるため，一斉人工林と比べてそれほど高いコストにはならない．つまり，このような人工林は，**図 11–2** においては天然林と一斉人工林の中間に位置づけられよう．

私たちは，このような環境効果の便益と木材等生産の便益とを勘案し，いかにバランスさせるかを問われている．そして，自らの世代のみならず将来世代においても，森林資源の有する多面的機能を十全に享受する状態を作り出していかなければならない．つまり，空間的な軸と時間的な軸とから勘案し，環境効果の便益と木材等生産の便益とを併せた総便益が最大となるよう，森林の状態を選び，管理していくことが必要になってくるのである．

11–6 日本における森林の管理と利用はどうあるべきか

ここで，木材需給と森林資源との関係について整理しておきたい．世界の木材需給量は中国やインド等の発展に伴って増加する傾向にあり，他方で日本の木材需要量は，人口減少化社会となりかつ長寿命住宅建築の推進により減少することが予測される．日本国内の木材需給を考える時に，長期的には需要が減少することと，健康や安全の志向にも合致するような，より高品質な林産物製品への需要が増すこととが想定されるのである．これらのことから，林産物輸出国にとっては日本市場の位置づけが相対的に低まると見込まれ，日本における森林資源の成熟もあいまって国内の林業および林産業にかかる期待が大きくなると考えられる．

次に，天然林と人工林に分けて資源の造成と利用の在り様を考えてみたい．消費者のニーズが多様化する現代において，国内で人工林に特化して生産活動を行うことには無理があり，もし特化して生産活動を行うならば，持続可能な森林管理（保続的経営）を行っていない外国からの天然林材輸入を増長させることにも結びつく．つまり，天然林を保護するという方向性は部分的に適用すべきであり，経済活動に資する天然林においては択伐や漸伐を行いながら持続可能な森林管理を推進することが，消費者の欲求の満足度にとってもグローバルな環境保全にとっても重要な意味を持つことになる．これは，日本の国有林においても民有林においても同様に言えることである．

人工林については，奥地にあったり不成績造林地であったりする林分を除き，その大半が経済林あるいは生産林として位置づけられる．これらについては，「伐ったら植える」「植えたら伐る」という本来の人工林経営を基礎とし，世代間に資源配分の差異が出ないよう齢級構成の平準化を実現することを政策の基本とすべきである．間伐や択伐を行いながら伐期を延ばして高齢にもっていく施業は，台風や虫害等の自然災害を受け易くなり，更に九州のスギや北海道のトドマツのように根株腐朽等を生じるという樹木生理的特性を勘案すると，経営判断として必ずしも合理的な選択とはならない．そのためには，前節で述べた100 haの例のような人工林，つまり安定した面積での伐採と造林を連年で繰り返す法正林を志向し，地域性や樹種固有の伐期を想定しながら，育林過程と伐出過程の在り様が検討されなければならない．政策として伐出過程に注目するあまりに，結果として再造林未済地が拡がるようなことがあってはならないのである．

育林過程については，木材利用を視野に入れた植栽や保育を進める必要がある．将来に産出された木材を無垢の製材品として使うのか，集成材や合板等として使うのか，あるいは紙・パルプ等に使うのかで，植栽密度の大小や枝打ちの有無，間伐の仕方等が異なり，おのずと森林の姿が違ってくる（立花，2010）．このことを勘案すると，一定幅のある植栽密度をもって人工林経営を行うことが望まれ，それと共に苗木の品種改良や開発も必須となる．例えば，北海道におけるグイマツ雑種F1の開発のような取り組みは，人工林経営にとっては有益と考えられるのである（全国林業改良普及協会編，2012）．伐出過程については，2010年の「森林・林業の再生に向けた改革の姿」で示された施業の集約化や路網整備，作業システムの高度化は一定の効果をもつと考えられ，地理的条件や立地を加味しながら地域性を考慮して検討することが求められる．

上述のように，木材利用を視野に入れて更新から伐出までをトータルに考えた森林管理を志向することが必要となる．人工林においては，疎植により低コストの経営を行うことも，密植により費用をかけながら高品質材志向の経営を行うこともあってよく，森林所有者が自ら選択できる状況を実現したい．その際に，将来の木材需給や森林へのニーズがどのようになり，それに対してどのような森林に仕立てていくのか，産出される木材をどう加工して使っていくのかというマクロレベルでの方向性と，所有者においても施業の仕方と収支とを関連づけて試算を行いながら経営するというミクロレベルでの方向性の双方が示されることが望ましい．この観点では，将来の木材需要に関する知見が不可欠となる．

11–7 おわりに —資源政策の方向性—

再生可能な森林資源の有効活用に向けた林政を念頭に置き，複雑な森林である天然林とより単純な森林である人工林との包括的な資源配置に向けたゾーニング，資源量を時間軸・空間軸において平準化させつつ活用することが必要となっている．

この点に関しては，人間と生物圏計画（Man and the Biosphere Programme：MAB）のゾーニングを参考にして森林の地域区分の在り方を検討することが有益だろう．日本における森林の3機能区分である「水土保全林」「森林と人との共生林」「資源の循環利用林」は，人為的影響を排除するコアエリア（保護林），人為的影響を制限ないし緩衝するバッファエリア（例えば保安林），人為的影響を妨げないエリア（経済林）というくくりにはなっておらず，今後のゾーニングにおいて改善の必要な点である．例えば，森林管理を考える上で，保護するか，施業に一定の制限を持たせるか，経済活動に資するかにより区分を行う必要（古井戸，2001）があり，それにはMABのゾーニングが参考になる．**図11–2**を使って論じたような単純から複雑までの森林態様を考慮しながら，どのような森林の取り扱いが望ましいかを検討しなければならないのである．また，ゾーニングをするに当たっての拡がりとしては，国有林と民有林を併せて捉え，市町村という単位よりも流域という単位で区分する方が合理的であろう．複数の市町村をまたいで所有されている森林は少なくなく，そこに区分を持ち込むことには合意形成や費用等の面で困難が伴うと思われるからである．

林業助成の在り方については育林過程と伐出過程に分けて検討する必要があるだろう．皆伐後に再造林未済地となると国土保全や水源涵養等の公益的機能が著しく低下し，また間伐を行うことによって適度な樹木密度になると樹木の下層に植物が繁茂することから公益的機能の増進に繋がる．これらの育林過程の活動は公的関与の範疇に含まれると考えられ，市場で評価されない森林の公益的機能に対する評価を参考として，補助金が投入されることは是認されよう．他方，伐出過程については利潤最大化を目指した活動と捉えられ，助成の対象とするにはそれなりの根拠が必要である．

これらのことは，森林計画制度や保安林制度の在り様と密接に関連づいており，森林法の内容と合わせて検討が必要と思われる．政策的に指向するべきは森林法に基本を置く資源政策であり，どのような森林を造成しながら国民の欲求の満足度を高めるかという視点が不可欠なのである．

（立花　敏）

参　考　文　献

第１章

林　一六（2003）『植物生態学　基礎と応用』古今書院.

菊沢喜八郎（1999）『森林の生態』共立出版.

大政正隆監修（1978）『森林学』共立出版.

山中二男（1990）『日本の森林植生（補訂版）』築地書館.

第２章

Aiba, S. and Kitayama, K.（1999）Structure, competition and species diversity in an alititude-substrate matrix of rain forest tree communities on Mount Kinabalu, Borneo. *Plant Ecology*, **140**, 139–157.

Ashton, P.S.（1996）Biogeography and ecology. In: E. Soepadmod and K.M. Wong, eds., Tree Flora of Sabah and Sarawak. Volume 1, Forest Research Institute Malaysia, Sabah Forestry Department and Sarawak Forestry Department, Kuala Lumpur, Malaysia.

林　一六（1990）『植生地理学』大明堂発行.

Kitayama, K.（1992）An altitudinal transect study of the vegetation on Mount Kinabalu, Borneo. *Vegetatio*, **102**, 149–171.

日本生態学会編（2011）『森林生態学』共立出版.

第３章

Aplet, H. A. and Vitousek, P. M.（1994）An age-altitude matrix analysis of Hawaiian rain-forest succession. *Journal of Ecology*, **82**, 137–147.

Begon M., Harper, J. L. and Townsend, C. R.（2003）Ecology, 3rd. ed.,『生態学（第３版）』堀道雄監訳．京都大学出版会.

Cladwick, O. A., Derry, R. M., Vitousek, P. M., Huebert, B. J. and Heden, L. O.（1999）Changing sources of nutrients during four million years of ecosysytem development. *Nature*, **397**, 491–497.

Crews T. E., Kitayama K., Fownes J. H., Riley R. H., Herbert D. A., Mueller-Dombois D. and Vitousek P. M.（1995）Changes in soil phosphorus fractions and ecosystem dynamics across a long chronosequence in Hawaii. *Ecology*, **76**, 1407–1424.

福嶋　司編（2005）『植生管理学』朝倉書店.

福嶋　司・岩瀬　徹編（2005）『図説 日本の植生』朝倉書店.

林　一六（2003）『植物生態学 基礎と応用』古今書院.

上條隆志（2008）三宅島の火山噴火後の森林の回復．森林科学，**54**, 46–50.

Kamijo, T., Kitayama, K., Sugawara, A., Urushimichi, S. and Sasai, K.（2002）Primary succession of the warm-temperate broad-leaved forest on a volcanic island, Miyake-jima Island, Japan.

Folia Geobotanica, **37**, 71–91.

Kato, T., Kamijo, T., Hatta, T., Tamura, K. and Higashi, T.（2005）Initial soil formation processes of Volcanogenous Regosols（Scoriacious）from Miyake-jima Island, Japan. *Soil Science and Plant Nutrition*, **51**, 291–301.

Kitayama K., Mueller-Dombois D. and Vitousek P. M.（1995）Primary succession of Hawaiian montane rain forest on a chronosequence of eight lava flow. *Journal of Vegetation Science*, **6**, 211–222.

Kitayama K., Shuur, E. A. G., Drake, D. R. and Mueller-Dombois D.（1997）Fate of a wet montane forest during soil ageing in Hawaii. *Journal of Ecology*, **85**, 669–679.

国土庁土地局（1987）『土地保全図三宅島地区』国土庁土地局.

Ohsawa, M.（1984）Differentiation of vegetation zones in the subalpine region of Mt. Fuji. *Vegetatio*, **57**, 15–52.

Silvertown, J. W.（1992）Introduction to plant population ecology, 2nd. ed., 河野昭一・高田壮則・大原　雅共訳『植物の個体群生態学（第2版）』東海大学出版会.

Tagawa, H.（1964）A study of the volcanic vegetation in Sakurajima, south-west Japan: I. dynamics of vegetation. *Memories of Faculty of Science, Kyushu University, Series E.*（*Biology*）, **3**, 165–228.

Tezuka, Y.（1961）Development of vegetation in relation to soil formation in the volcanic island of Ohshima, Izu, Japan. *Japanese Journal of Botany*, **17**, 371–402.

第4章

Dunne, T., Zhang, W. and Aubry, B.F.（1991）Effects of rainfall, vegetation, and microtopography on infiltration and runoff. *Water Resources Research*, **27**, 2271–2285.

加藤弘亮・恩田裕一・伊藤　俊・南光一樹（2008）振動ノズル式降雨実験装置を用いた荒廃ヒノキ人工林における浸透能の野外測定．水文・水資源学会誌，**21**, 439–448.

加藤祐子・恩田裕一・水山高久・小杉賢一朗・吉川　愛・辻村真貴・秦　耕二・岡本正男（2000）揖斐川上流の地質の異なる流域における流出の遅れ時間の違い．砂防学会誌，**53**, 38–43.

Meyer, L.D. and Harmon, H.C.（1979）Multiple-intensity rainfall simulator for erosion research on row sideslopes. *Transactions ASAE*, **22**, 100–103.

村井　宏・岩崎勇作（1975）林地の水および土壌保全機能に関する研究（第1報）—森林状態の差異が地表流下，浸透および侵食に及ぼす影響—．林業試験場報告，**274**, 23–84.

恩田裕一（1995）人工林化と土壌侵食．地理，**40**, 48–52.

恩田裕一（2005）森林の荒廃は河川にどんな影響があるのか．科学，**75**, 1381–1386.

恩田裕一編（2008）『人工林荒廃と水・土砂流出の実態』岩波書店.

恩田裕一・小松陽介（2001）ハイドログラフの比較による遅れた流出ピークと山体地下水の関連．日本水文科学会誌，**31**, 47–56.

Onda, Y.（1994）Contrasting hydrological characteristics, slope processes and topography underlain by Paleozoic sedimentary rocks and Granite. *Transactions, Japanese Geomorphological Union*,

15A, 49–65.
下川悦郎（1991）土層の生成と崩壊の周期性．計画学会誌，**16**, 153–157.
Strahler, A.N.（1974）Physical Geography, 4th. ed., Wiley, New York.
塚本良則（1998）『森林・水・土の保全—湿潤変動帯の水文地形学』朝倉書店.
吉永秀一郎・西城　潔（1989）北上山地北部の完新世における百年・千年オーダーの斜面変化．地形，**10**, 285–301.
湯川典子・恩田裕一（1995）ヒノキ林において下層植生が土壌の浸透能に及ぼす影響（Ⅰ）散水型浸透計による野外実験．日本林学会誌，**77**, 224–231.

第５章

Kato, T., Kamijo, T., Hatta, T., Tamura, K. and Higashi, T.（2005）Initial soil formation processes of Volcanogenous Regosols（Scoriacious）from Miyake-jima Island, Japan. *Soil Science and Plant Nutrition*, **5**, 291–301.
大羽　裕・永塚鎮男（1988）『土壌生成分類学』養賢堂.
日本ペドロジー学会編（1996）『土壌調査ハンドブック』博友社.
日本ペドロジー学会編（2007）『土壌を愛し，土壌を守る』博友社.

第６章

Angiosperm Phylogeny Group.（2003）An update of the Angiosperm Phylogeny Group classification for the orders and families of flowering plants: APG II. *Botanical journal of the Linnean Society*, **141**, 399–436.
Fukue, Y., Kado, T., Lee, S. L., Ng, K. K. S., Muhammad, N. and Tsumura, Y.（2007）Effects of flowering tree density on the mating system and gene flow in *Shorea leprosula*（Dipterocarpaceae）in Peninsular Malaysia. *Journal of plant research*, **120**, 413–420.
福島弘文（2003）『DNA 鑑定のはなし—犯罪捜査から親子鑑定まで』裳華房.
井上　真ほか編（2003）『森林の百科』朝倉書店.
亀山　章監修（2006）『生物多様性緑化ハンドブック』地人書館.
Kusumi, J., Tsumura, Y., Yoshimaru, H. and Tachida, H.（2000）Phylogenetic relationships in Taxodiaceae and Cupressaceae sensu stricto based on *mat*K gene, *chl*L gene, *trn*L-*trn*F IGS region, and *trn*L intron sequences. *American Journal of Botany*, **87**, 1480–1488.
Mogensen, H. L.（1996）The hows and whys of cytoplasmic inheritance in seed plants. *American Journal of Botany*, **83**, 383–404.
Naito, Y., Konuma, A., Iwata, H., Suyama, Y., Seiwa, K., Okuda, T., Lee, S.L., Muhammad, N. and Tsumura, Y.（2005）Selfing and inbreeding depression in seeds and seedlings of *Neobalanocarpus heimii*（Dipterocarpaceae）. *Journal of Plant Research*, **118**, 423–430.
Naito, Y., Kanzaki, M., Iwata, H., Obayashi, K., Lee, S. L., Muhammad, N., Okuda, T. and Tsumura, Y.（2008）Density-dependent selfing and its effects on seed performance in a tropical canopy tree species, *Shorea acuminata*（Dipterocarpaceae）. *Forest Ecology and Management*, **256**,

375–383.

Neale, D. B., Marshall, K. A. and Sederoff, R. R. (1989) Chloroplast and mitochondrial DNA are paternally inherited in *Sequoia sempervirens* D. Don Endl. *Proceedings of the National Academy of Sciences*, **86**, 9347–9349.

Obayashi, K., Tsumura, Y., Ihara-Ujino, T., Niiyama, K., Tanouchi, H., Suyama, Y., Washitani, I., Lee, C-T., Lee, S.N. and Muhammad, N. (2002) Genetic diversity and outcrossing rate between undisturbed and selectively logged forests of *Shorea curtisii* (Dipterocarpaceae) using microsatellite DNA analysis. *International Journal of Plant Sciences*, **163**, 151–158.

Ohba, K., Iwakawa, M., Okada, Y. and Murai, M. (1971) Paternal transmission of a plastid anomaly in some reciprocal crosses of Sugi, *Cryptomeria japonica* D. Don. *Silvae Genet*, **20**, 101–107.

種生物学会編 (2001)『森の分子生態学—遺伝子が語る森のすがた—』文一総合出版.

Takahashi, M., Tsumura, Y., Nakamura, T., Uchida, K., and Ohba, K. (1994) Allozyme variation of *Fagus crenata* in northeastern Japan. *Canadian Journal of Forest Research*, **24**, 1071–1074.

Takahashi, T., Tani, N., Taira, H. and Tsumura, Y. (2005) Microsatellite markers reveal high allelic variation in natural populations of *Cryptomeria japonica* near refugial areas of the last glacial period. *Journal of Plant Research*, **118**, 83–90.

Takahashi, T., Tani, N., Niiyama, K., Yoshida, S., Taira, H. and Tsumura, Y. (2008) Genetic succession and spatial genetic structure in a natural old growth *Cryptomeria japonica* forest revealed by nuclear and chloroplast microsatellite markers. *Forest ecology and management*, **255**, 2820–2828.

Tomaru, N., Mitsutsuji, T., Takahashi, M., Tsumura, Y., Uchida, K. and Ohba, K. (1997) Genetic diversity in *Fagus crenata* (Japanese beech): influence of the distributional shift during the late-Quaternary. *Heredity*, **78**, 241–251.

Tsumura, Y., Kado, T., Takahashi, T., Tani, N., Ujino-Ihara, T. and Iwata, H. (2007) Genome scan to detect genetic structure and adaptive genes of natural populations of *Cryptomeria japonica*. *Genetics*, **176**, 2393–2403.

Whitmore, T. C. and Burnham, C. P. (1984) Tropical rain forests of the Far East. 2nd. ed., Clarendon Press.

Wolfe, K. H., Li, W. H. and Sharp, P. M. (1987) Rates of nucleotide substitution vary greatly among plant mitochondrial, chloroplast, and nuclear DNAs. *Proceedings of the National Academy of Sciences*, **84**, 9054–9058.

第7章

Agrios, G. N. (1997) Plant Pathology, 4th. ed., Academic Press, San Diego.

Brasier, C.M. (1990) China and the origins of Dutch elm disease: an appraisal. *Plant Pathology*, **39**, 5–16.

程　東昇 (1989)　エゾマツの天然更新を阻害する暗色雪腐病菌による種子の地中腐敗病. 北大農演習林研報, **46**, 529–575.

二井一禎（2003）『マツ枯れは森の感染症　森林微生物相互関係論ノート』文一総合出版.
Horsfall, J. G. and Dimond, A. E.（1959）Plant Pathology, Vol.1, Academic Press, New York.
金子　繁・佐橋憲生編（1998）『ブナ林をはぐくむ菌類』文一総合出版.
清原友也・徳重陽山（1971）マツ生立木に対する線虫 *Bursaphelenchus sp.* の接種試験. 日林誌, **53**, 210–218.
前原紀敏（2000）微生物と線虫を利用する昆虫の繁殖戦略—マツノマダラカミキリによるマツノザイセンチュウの伝搬—. 二井一禎・肘井直樹編『森林微生物生態学』朝倉書店.
大高伸明・升屋勇人・山岡裕一・大澤正嗣・金子　繁（2004）縞枯れ林における立ち枯れとキクイムシおよび菌類との関係について. 森林防疫, **53**, 96–104.
佐橋憲生（2004）『日本の森林／多様性の生物学シリーズ—②菌類の森』東海大学出版会.
Sahashi, N., Kubono, T. and Shoji, T.（1995）Pathogenicity of *Colletotrichum dematium* isolated from current-year beech seedlings exhibiting damping-off. *European Journal of Forest Pathology*, **25**, 145–151.
鈴木和夫編著（2004）『森林保護学』朝倉書店.
全国森林病虫獣害防除協会編（2003）『森林をまもる—森林防疫研究 50 年の成果と今後の展望—』全国森林病虫獣害防除協会.

第 8 章

福嶋司・岩瀬徹編（2005）『図説日本の植生』朝倉書店.
Horikawa, M., Tsuyama, I., Matsui, T., Kominami, Y. Tanaka, N.（2009）Assessing the potential impacts of climate change on the alpine habitat suitability of Japanese stone pine（*Pinus pumila*）. *Landscape Ecology*, **24**, 115–128.
IPCC（2013）Climate Change 2013: The Physical Science Basis. Contribution of Working I to the Fifth Assessment Report of the Intergovernmental Panel on Climate Change. Cambridge University Press, Cambridge, UK and New York, USA.
環境省地球温暖化影響・適応研究委員会（2008）気候変動への賢い適応, 環境省. http://www.env.go.jp/earth/ondanka/rc_eff-adp/index.html
気象庁（1996）気象庁観測平年値（CD-ROM）,（財）気象業務支援センター.
Matsui, T., Yagihashi, T., Nakaya, T., Taoda, H., Yoshinaga, S., Daimaru, H. and Tanaka, N.（2004）Probability distributions, vulnerability and sensitivity in *Fagus crenata* forests following predicted climate changes in Japan. *Journal of Vegetation Science*, **15**, 605–614.
松井哲哉・田中信行・八木橋勉・小南裕志・津山幾太郎・高橋潔（2009）温暖化に伴うブナ林の適域の変化予測と影響評価. 地球環境, **14**, 165–174.
文部科学省・気象庁・環境省 2013. 日本の気候変動とその影響（2012 年度版）.
Nakao K., Matsui T., Horikawa M., Tsuyama I. and Tanaka N.（2011）Assessing the impact of land use and climate change on the evergreen broad-leaved species of *Quercus acuta* in Japan. *Plant Ecology*, **212**, 229–243.
Nakao, K., Higa, M., Tsuyama, I., Matsui, T., Horikawa, M. and Tanaka, N.（2013）Spatial conservation planning under climate change: Using species distribution modeling to assess

priority for adaptive management of *Fagus crenata* in Japan. *Journal for Nature Conservation*, **21**, 406–413.
田中信行・松井哲哉・八木橋勉・垰田宏（2006）天然林の分布を規定する気候要因と温暖化の影響予測：とくにブナ林について．地球環境，**11**, 11–20.
田中信行・中園悦子・津山幾太郎・松井哲哉（2009）温暖化の日本産針葉樹 10 種の潜在生育域への影響の予測．地球環境，**14**, 153–164.
安田喜憲・三好教夫編（1998）『日本列島植生史』朝倉書店.

第 9 章

Kureha, M.（1995）*Wintersportgebiete in Österreich und Japan*. Institut für Geographie, Innsbruck.
呉羽正昭（1999）日本におけるスキー場開発の進展と農山村地域の変容．日本生態学会誌，**49**, 269–275.
呉羽正昭（2002）日本におけるスキー人口の地域的特徴．人文地理学研究，**26**, 103–123.
呉羽正昭（2006）観光地の開発と環境保全．山本正三ほか編『日本の地誌 2　日本総論 II（人文・社会編）』朝倉書店.
呉羽正昭（2008）スポーツと観光．菊地俊夫編『観光を学ぶ―楽しむことからはじまる観光学―』二宮書店.
Kureha, M.（2008）Changing ski tourism in Japan: From mass tourism to ecotourism? *Global Environmental Research*, **12**, 137–144.
（財）日本交通公社編（2004）『観光読本（第 2 版）』東洋経済新報社.
白坂　蕃（1986）『スキーと山地集落』明玄書房.
建元喜寿・中村　徹（1998）スキー場における硫安散布の実態．野外教育研究，**2**, 13–19.

第 10 章

Гладкий Ю.Н., Чистобаев А.И. Регионоведение.М., 2003г.
栗原成郎（2002）『ロシア異界幻想』岩波新書.
プーシキン（1962）『オネーギン』池田健太郎訳，岩波文庫.
ラスプーチン（1994）『マチョーラとの別れ』安岡治子訳，群像社.
ウェーバー，マックス（1936）『職業としての学問』尾高邦雄訳，岩波文庫.

第 11 章

地球環境戦略研究機関（IGES）監修・井上真編著（2003）『アジアにおける森林の消失と保全』中央法規出版社.
古井戸宏通（2001）ゾーニングを巡る諸問題―林地利用に対する公的関与―．林業経済，**633**, 15–29.
熊崎　実（1977）『森林の利用と環境保全―森林政策の基礎理念』日本林業技術協会.
栗山浩一・庄子康・柘植隆宏（2013）『初心者のための環境評価入門』勁草書房，林希一郎

(2009)『生物多様性・生態系と経済の基礎知識—わかりやすい生物多様性に関わる経済・ビジネスの新しい動き』中央法規出版.

日本学術会議（2001）「地球環境・人間生活にかかわる農業及び森林の多面的機能の評価について（答申）」.

立花　敏（2003）森林政策－再生可能な森林資源の有効活用に向けて，寺西俊一編著『新しい環境経済政策－サステイナブル・エコノミーへの道』東洋経済新報社.

立花　敏（2010）ニュージーランド，白石則彦監修・（社）日本林業経営者協会編『世界の林業—欧米諸国の私有林経営—』J–FIC.

全国林業改良普及協会編（2012）『低コスト造林・育林技術最前線』全国林業改良普及協会.

索　引

あ　行

か　行

さ　行

た　行

な　行

は　行

ま　行

や　行

ら　行

本書は，2010年5月に筑波大学出版会より発行した『森林学への招待』（ISBN978-4-904074-15-2）の増補改訂版です．

編著者略歴

中村　徹（なかむら・とおる）
東京教育大学農学部卒業．東京教育大学助手，筑波大学講師，同助教授，教授を経て，現在筑波大学名誉教授．農学博士．
専門は植生学，植物生態学．
現在，関東周辺森林の植生調査，ユーラシアステップの植生調査を継続実施．

森林学への招待［増補改訂版］

2015年3月20日初版発行

編著者　中　村　　徹

発行所　筑波大学出版会
〒305-8577
茨城県つくば市天王台1-1-1
電話（029）853-2050
http://www.press.tsukuba.ac.jp/

発売所　丸善出版株式会社
〒101-0051
東京都千代田区神田神保町2-17
電話（03）3512-3256
http://pub.maruzen.co.jp/

編集・制作協力　丸善プラネット株式会社

組版／月明組版
印刷・製本／富士美術印刷株式会社
ISBN978-4-904074-36-7 C3040